U0296143

在游戏中成长

～ 100 招爸爸育儿 ～

[法]弗拉薇·奥热罗 / 著

朱朝旭 / 译

二十一世纪出版社集团
21st Century Publishing Group

目录

🌸 引言
🌸 动动手·跟我学

走进生活

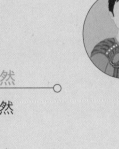

亲近大自然

想象与创意

❀ 作者简介

❀ 结束语

亲爱的爸爸们，本书会给你们介绍各种有趣的游戏、儿歌和手语动作，希望你们主动参与其中。请保持你们的本色，与宝宝分享你们的情趣，释放你们的父爱。书中的内容适合所有人阅读，并非局限于爸爸们！

——弗拉薇·奥热罗

爸爸们，当你们面对新生命时，那种感觉无疑是复杂的，也许会有些不知所措，还会因为对他不了解而一筹莫展。但是，你们要振作起来：这些感觉不仅完全可以被理解，而且再正常不过，妈妈们也有同感。你们越在乎孩子，便会越用意、用情、用心地观察他，进而越想了解他，满足他的需求，培养彼此的感情。

男人不同于女人，爸爸不同于妈妈，他和她都是世上独一无二的，正所谓天地之造化！他们的互补性使生命异彩纷呈。然而，比性别更重要的是，双亲中某一方的性格特征决定了他或者她该如何与孩子相处，与孩子共同生活。

孩子的禀赋极强，能够利用各种感官

与周围人沟通，但是他还太幼小，必须依附他人。他与父母的关系至关重要，既为了自身生存（需要得到保护、喂食、保暖等），也为了心智发育（需要得到心理"慰藉"）。他希望得到关爱、照顾，还希望与父母和谐共处。

宝宝与父母沟通，最初依靠身体接触和互动，比如触摸、语言、歌声、面部表情和手势等。宝宝牙牙学语时，必然伴随着一些无规则的发音和肢体动作。

除了继续发挥身体的表现力，作者请你们尝试用手语与孩子沟通，说话时尽量使用手语或者手势表达重点词语，尤其是关键词。

例如："噢！你看见那只漂亮的蝴蝶了吗？"或者"你高兴吗？"孩子在模仿过程中会把这些词语串起来应用，努力让别人理解他，直到学会自如表达。只要父母和孩子能够更好地相互理解，他们彼此间的信任感就会增强，挫折感随之减少。

本书介绍了一些常用的手语手势，可作为参考。无论对于孩子，还是对于父母，借助手语手势都是一种非常好的沟通方式。

在日常生活中想要运用好这种方式，必须记住如下要点：

●顺应孩子的动作节奏。父母的手势很早就能引起孩子们的兴趣，但是他们7个月大时才会模仿。

●父母的手势要准确、平稳和有序。开始时先做几个简单动作，随着熟练程度提高再逐步增加。

●有意识地学习一些常用手语手势很有必要。

作者未刻意设定游戏所适用的孩子年龄段，因为同一款游戏可以根据孩子的年龄和发育特点有所变通，酌情增减难度或者重新设计内容。总之，要发挥你们的主观能动性和观察力，让所有家庭成员从游戏中受益。

动动手·跟我学

面部表情随语气变化而变化：
"好的！""好吗？"或者"不好

让手指像蝴蝶一样抖动，
画一个圆圈。

　　考虑到宝宝发育最初几年的特殊需求，爸爸们应该迅即进入角色。要知道，你们必须同时助力宝宝的生理和心理发育，满足他成长中的不同需求。

走进生活

　　宝宝们渴望与我们共度每一天。在他们眼里，"普通"的东西隐藏着无限秘密。他们喜欢每天按部就班地生活：起床、吃饭、洗澡、午睡等。这种有规律的生活使他们倍感惬意，也使他们能够预知、参与、重复、学习、模仿和探索。

　　要让您的宝宝融入生活！在厨房里，他会寻觅诱人的饭香从何而来，欣赏丰富的菜品；在花园里，他会一边看着您打理花草，一边观察大自然。把宝宝放在一张舒适的毯子上，或者抱起他……正是在生活中，父母与宝宝之间的关系日益密切，并由此完成启蒙教育。

01

《早安》《晚安》

新的一天开始了,我们从睡梦中慢慢醒来。
和孩子说说话,给他唱首儿歌,亲热一下。

早安

早安,早安,

昨晚睡得香不香?

早安,早安,

新的一天开始了。

早安,早安,

赶紧穿衣吃早饭!

晚上静静地陪孩子待一会儿非常有益。"宝

贝，该上床睡觉了。让我俩安静待一会儿，
互道晚安。"

晚安

爸爸在哪里？我让爸爸讲故事。

爸爸在哪里？我向爸爸道晚安。

爸爸在哪里？我让爸爸摇一摇。

爸爸在哪里？我向爸爸道晚安。

*重音落在蓝色字词上。

02

捉迷藏

孩子通过玩捉迷藏，可以获得物体存在的概念。也就是说，人或者物无论是否在他的视野里，都是客观存在的。因此他确信，即便与亲人分离，不久还会再见到他们。

这类游戏让他很开心。游戏时，要强调"藏"这个字的含义。"你在哪儿？你藏起来了！""你来找我，我藏起来了！""捉迷藏……咕咕！"

材料准备：

和孩子玩捉迷藏，可以利用各式各样的物品做道具，如毛巾、书、家具、窗帘等。

游戏过程：

（1）您把某件东西藏起来，让孩子去找。然后互换角色，改为让他把某件东西藏起来，您去找。

（2）让孩子躲藏起来，您四处找他，房间里、窗帘后、桌子下、被子里……这样能够激发他的幽默感。有时候您要装作没看见他躲在那儿。

温馨提示：

游戏前，要认真检查周围环境，确保孩子放东西的地方或躲藏的地方安全。如果藏东西，要事先划定区域，既方便"藏"，又易于"找"，避免大海捞针似的浪费时间和精力。

03 如厕好习惯

给宝宝换尿不湿或者让他蹲便盆时，我们可以在一旁哼唱儿歌，引导他养成如厕好习惯。

哗啦啦！

像只虫虫扭呀扭，

做扭动身体的动作

这里不好那里好。

用手势询问"好吗？"

快来快来告诉我：

做几下招手动作

一切是否都安好？

用手势强调"好"

我要我要哗啦啦，

🖐 模仿孩子的声音

我要我要哗啦啦。

🖐 再次模仿孩子的声音

温馨提示：

　　要有意识地教宝宝自主发出"如厕信号"，如"哗哗""尿尿""嘘嘘""嗯嗯"等。

04

《嘿！小家伙》

　　爸爸准备让宝宝睡觉时，可以唱首温馨的儿歌提醒他。这时，要把握好声调。下面的儿歌就是为他入睡准备的。

嘿！小家伙

你是小家伙，

想找小伙伴。

嘿！嘿！嘿！

嘿！嘿！嘿！

你是小家伙，

想和爸爸睡。

嘿！嘿！嘿！

嘿！嘿！嘿！

你是小家伙，

安心睡大觉。

*重音落在蓝色字词上。

温馨提示：

　　您可修改儿歌，使它更具个性化。比如用
"小丫头"替换"小家伙"，或者用孩子的小名
替换"小家伙"。他可以和爸爸睡，和妈妈睡，
也可以和玩偶睡或伴着音乐睡，等等。

05 在亲人的怀抱里

孩子们喜欢分享父母和哥哥姐姐们的生活。父母是最早搂抱他们的人，热情、温和、安全、快乐，让他们倍感宠爱。然而，有时候父母对孩子们的关怀不那么尽如人意，尤其当他们忙于日常家务或者照顾其他人时。

父母要考虑哪些事情优先做，哪些事情暂时放放。不管怎么说，抱孩子是与他接触的好方法，但要兼顾其他事情，不能顾此失彼。抱孩子出行可以使您免去一些麻烦，如不必来回折叠儿童车，把它放到汽车里，也不必担心道路堵塞无法通行等问题。此外，抱孩子会使您

的生活变得简单、方便。宝宝在体验"您"的生活时，会以自己的方式主动参与。您能感受到他的情绪变化和各种需求，如觉察他是否饿了，是否睡着或者睡醒等。

"抱"还能够让亲子关系更密切，如告诉孩子您在做什么,他会观察、倾听或者感受……您会发现孩子被亲人抱着的时候显得格外活跃。他喜欢依偎在父母身上，寸步不离，随时随地观察周围的一切，尽享形形色色的生活场景。搂抱孩子还使您有更多的机会建立、维系和增强彼此间的关系。

请您继续阅读本书，寻找抱孩子的小窍门和好建议。

06 东西哪儿去了

游戏时,让小物件逐一从孩子眼前"消失",由此激发他的好奇心。连续重复几次,效果会更好。

材料准备:

石子、小球、松果、毛绒玩具、树叶、笔等。

游戏过程:

(1)您把准备好的物品一一放到桌子上,教宝宝分别说出它们的名称。

(2)反复哼唱下面的儿歌,每当数到"三"时,您从桌子上拿走一件东西,直到拿光为止。

小米粒

圆米粒，白米粒。

先煮煮，后尝尝。

你一粒，我一粒。

一起数，一二三！

（3）将拿走的物品再放回到桌子上。这次，您和宝宝互换角色，让他每次听到"三"时，从桌子上拿走一件东西，直到拿光为止。

07 抱孩子的窍门

抱孩子有诸多益处，但是抱的方法很重要。从孩子出生起，父母便可以亲近他，增进彼此的关系，增强他与外界的联系，刺激其感官发育和促进其身心健康。

您可以选用婴儿背带、布兜等，或系在身上，或预先缝制好（见右图示）。根据不同时间、您的喜好和孩子的感受，把他抱在胸前、胯侧或背在背后。

无论如何选择，父母和孩子都要互相尊重，抱的方式要符合人的生理特点，要让双方感觉舒适。

注意事项：

（1）让孩子呈坐姿，臀部支撑整个身体。背带从孩子身体一侧的膝部兜到另一侧。（如图①）

（2）孩子坐在背带里，双腿弯曲，膝部要高于臀部。（如图①）

（3）孩子腰部呈自然弧状。（如图②）

（4）使用背带抱孩子可以让父母从事很多活动而不受限制。但要注意自己的身体重心变化和孩子露出的腿和胳膊等部位的安全。

（5）您不妨借助镜子，提前练习使用背带。

（6）最好试用不同款式的背带，有了实际感受才能确定哪种款式最适合您和孩子。

08 双臂搂抱孩子

搂抱孩子不只是两个人的身体接触，还是感情流露的体现。合适的搂抱方式会把父母从与孩子的亲密接触中所得到的喜悦心情传递给他，包括对他的爱意、尊重、欣赏……

婴儿刚出生，身体呈蜷缩状，搂抱可使他保持自然身姿，好似回到胎儿状态，获得安全感。

搂抱方式：

（1）您用手托住孩子的臀部，同时用身体撑住他的头，使他的身体紧贴着您，让他保持身体自然蜷缩。（如图①）

（2）用手臂从孩子的腹部一侧托住他，手放在他的骨盆位置，胳膊肘撑住他的头部。这种搂抱姿势在婴儿有腹疾时很奏效。另一只胳膊起辅助作用。（如图②）

（3）让孩子的腰部抵住您的腹部，用双手托住他的臀部，使他双腿弯曲。用背带抱孩子时，此种坐姿不宜让他面朝外，用手臂搂抱时是可以的。

（4）对于能够抬头和挺直腰的孩子，您用手托住他的臀部时，他会乐意依靠在您的身上。

温馨提示：

搂抱时动作要轻柔，不能太猛、太紧，否则会让他很难受，对搂抱产生畏惧心理。

09

家庭小聚会

家庭聚会是增进亲子关系的最佳时机，可以营造和谐、温馨的氛围，让彼此相依相恋。其间，可以给孩子唱首儿歌。

陀螺娃

我是小男孩，名叫陀螺娃；

我是小男孩，有个好妈妈。

妈妈喜欢玩，抱着陀螺娃；

妈妈喜欢玩，躲来又躲去。

我是小女孩，名叫陀螺娃；

我是小女孩，有个好爸爸。

爸爸喜欢玩，抱着陀螺娃；

爸爸喜欢玩，跑来又跑去。

我们小家庭，有个陀螺娃；

我们小家庭，幸福又美满。

*重音落在蓝色字词上。

温馨提示：

　　可根据个人的想法和兴趣，替换儿歌中的
词句。

10

爱"看"书的宝宝

孩子1岁后，您可以和他一起"看"书，甚至"玩"书。有成人在身边，他会对书更加感兴趣。

材料准备：

一些幼儿读物。

活动过程：

（1）您和孩子一起翻看书，耐心给他讲述看到的图画，语音语调尽可能温柔、舒缓。

（2）允许孩子"玩"书，因为在他眼里，书是玩具，与其"看"，不如"玩"。他喜欢扔书，把书摞起来，或者按照自己的想法整理书，甚至咬书或者在书上爬。这些行为均是正常的，无须阻止。幼儿没有"爱护"的概念。此时此刻，只需让他将全部精力投入玩书的游戏中。

温馨提示：

爸爸讲故事的方式，肯定不同于妈妈，比如爸爸低沉的声音会让孩子觉得书中内容比较厚重，会引发他不一样的感觉。

11 巧做礼物

爸爸和孩子独处时，孩子可能会期盼见到另一位亲人——妈妈。您可以鼓励他为妈妈准备一份特殊的礼物。礼物可以很简单，关键是要让孩子积极参与制作以及分享其中的乐趣。

材料准备：

一支毛笔、一些水性颜料、两张厚纸。

制作过程：

（1）您用毛笔蘸点颜料，在孩子的双脚掌上涂色，也可以让他自己涂。

（2）在厚纸上画一个蝴蝶的轮廓，教孩子

把右脚印在蝴蝶轮廓的左边，左脚印在轮廓右边。一只漂亮的蝴蝶就这样制作完成！

（3）您和孩子互换角色，让他给您的双脚掌涂色，再在厚纸上画一个大大的蝴蝶轮廓，接着您把脚掌印在蝴蝶轮廓上。又一只漂亮的蝴蝶制作完成！

孩子把做好的两只蝴蝶送给妈妈，她看到后一定特别高兴！

12 两人的活动

每周或者每个月里，您都可以抽点时间和孩子单独活动，至少共度半天，玩本书中一项或多项游戏。比如一起看照片或者到户外拍照。其间，你们可以尽享亲情之乐，让亲子关系更加密切。

孩子非常聪明，几个月大就能够辨认出照片上的亲人，而且非常喜欢看照片。一起看照片或者到户外拍照，不失为一种好的沟通方式。

材料准备：

一本家庭相册、一部可拍照的手机。

游戏过程：

（1）您先指着全家福上的某个家庭成员，让孩子说出是谁，然后让他自己依次指认照片上的其他成员，也许还有可爱的宠物狗或者宠物猫。

（2）还可以和孩子拍一些纪念照，见证你们的亲密关系。比如做几个滑稽动作，用自拍杆从不同角度拍摄或者单独给他拍照，之后让孩子挑选其中最有特色的，做成纸质照片夹到家庭相册里。

在两人世界里，可以做很多事情。比如到户外散步、讲故事、编儿歌或者做手工等。

13 使用婴儿背带

用背带抱孩子是一种简单实用的方法，它既可保证孩子的安全，又可解放您的双手。现在这种方法越来越受到父母们的青睐。不过，要想获得好的效果，必须掌握相应的技巧。

操作方法：

（1）您用一条长背带将腰部缠两圈，背后交叉打结。为了舒适和安全，不要把背带布卷成麻花状。初学者通常不敢"勒紧"背带，但是带子太松，孩子肯定也不舒服。多尝试几次，您便能掌握带子的松紧度。

（2）确定背带的中间段（可自行做标识）

正好在您的腹部位置。然后将背带的一端从您背部左边斜拉到您的右肩上，另一端从您背部的右边斜拉到您的左肩上，这样带子便在后背交叉。最后让带子两端垂在您的前面。（如图①）

（3）把孩子放入背带兜中，让他的腹部对着您的腹部，露出双腿，坐在里面。将他后背的带子提到颈部。要是孩子太小，颈部无力支撑头部，可将带子提至耳根。也可让孩子保持出生前的自然"蛙状"坐姿，即在兜中双腿蜷曲，让带子兜住臀部。

（4）将背带两端分别由里向外交叉拉，上下勒紧，在孩子的臀部下形成一个交叉十字。（如图②）

（5）最后将带子两端在您的后腰处打上结。您将兜布从孩子的臀部到腰部，甚至到头部展开，这样不仅可遮挡阳光，还可以在他熟睡时起保护作用。

温馨提示：

　　您最好面对全身镜练习使用背带，待熟练

后再实际应用。

14 过家家

孩子们通过模仿能够学会很多东西。他们会从直接模仿到差异化模仿，最后过渡到所谓的"象征性"游戏。也就是说，他们会尝试把个人想法融入游戏中，比如编故事、创造人物，把自己想象成某个角色或动物，按照现实生活中人们的行为准则和角色分工玩游戏。

材料准备：

去儿童玩具店购买成套的"过家家"道具，或者利用家中废弃物品自制道具（根据游戏主题确定道具类别和数量，如做饭、看病、上学、购物等）。

游戏过程：

　　玩"过家家"游戏时，您和孩子分别扮演特定的角色。比如玩做饭游戏时，您扮演厨师，孩子扮演食客，或者互换角色。此外，可利用桌子、户外空地等做游戏场地。

温馨提示：

　　（1）游戏过程中，您与孩子少不了进行语言交流。所以，您最好提前设计好场景和相应的"台词"（专门用语），潜移默化地将教育融入娱乐中。对孩子来说，每次游戏都是学习的机会。您的指导和帮助必不可少。

　　（2）游戏时，不要太顾忌孩子的性别。小女孩可以玩汽车模型，小男孩也可以玩洋娃娃。别太在意玩具上标注的粉色（女孩）或者蓝色（男孩）的性别标识。

15 学用背带抱娃娃

孩子们喜欢模仿父母的行为举止，按照自己的理解再现生活场景。他们特别希望像父母抱他们那样，抱洋娃娃、抱玩具熊等，并会为此尽心尽力，表现出很强的责任心。

材料准备：

一条布带（宽35厘米、长250厘米）或一条迷你背带，一个洋娃娃（一个玩具熊或其他毛绒动物玩具）。

游戏过程：

（1）您站在全身镜前给孩子示范如何使用

背带，讲解具体方法。

（2）让孩子照样做几遍，直到熟练掌握相
应技巧，并能够用背带抱洋娃娃。

（3）鼓励孩子抱着洋娃娃或玩具熊外出散
步，和它说话交流。

温馨提示：

您的示范动作要慢，讲解要详细、清晰，
以便孩子记忆。

16 印第安人的游戏

印第安人的游戏朴实而风趣，适合所有年龄的孩子，其特点是边唱歌边模仿人物的形体动作。

小猎手

我是小猎手，名叫纳卡维。

边走边唱歌，心情多愉快。

模仿走路、唱歌的动作

让我快快长，身高力气大。

学习射弓箭，做个小猎手。

把手伸向空中，模仿搭箭的动作

弯弓还搭箭，瞄准大猎物。

一射一个准，降服蛮野牛。

模仿射箭的动作

我的小马儿，可爱又强壮。

骑在马背上，跑得比风快。

模仿风声

太阳落山了，点起红篝火。

唱歌又跳舞，欢乐一整夜。

模仿跳舞的动作

*重音落在蓝色字词上。

17 音乐之声

作为父母，不管你们是否喜欢音乐，都要让孩子接触它。演奏乐器、唱歌或者有意识地聆听风格各异的音乐，甚至留意大自然的声响，这些活动都可以让人宣泄情绪，平复心境。

如今，音乐日益成为我们生活中不可或缺的部分。随着人们生活水平的提高，儿童音乐教育越来越受到重视。

材料准备：

（1）一个乐器箱，里面装沙球（一种打击乐器）、音叉、铃铛、木琴、口琴、小鼓等。

（2）一台音乐播放器，一台可播放音乐的电脑，又或一部手机等。

游戏过程：

（1）您先给孩子示范如何演奏某种乐器，然后让他模仿，直到他掌握基本技巧。可从比较简单的乐器学起，比如小鼓。

（2）和他一起听不同风格的音乐，如严肃的古典音乐、抒情的民族音乐、快乐的儿童音乐、强节奏的摇滚乐等，观察他的兴趣所在。

（3）还可以带孩子到户外听大自然发出的各种声音：鸟鸣声、小河流水声、风声、雨声。音乐不就是来自大自然吗？

温馨提示：

有些乐器不贵，甚至很容易自制。有专门的图书和网站介绍自制乐器的方法。

18 练声游戏

利用给孩子洗澡、换衣服以及搂抱按摩的机会，做练声游戏，提高孩子的发音能力、模仿能力、辨声能力、表达能力、对身体的认知和潜能开发能力、与他人互动的能力等。简单的练声游戏是培养孩子多种能力的好方式！

材料准备：

无须特别材料，只要一个安静、安全的游戏环境。

游戏过程：

（1）您可以从舌头开始，发出亲嘴声，或

说几个象声词等，然后过渡到几个常用字词的发音。

（2）发音时，看看孩子有什么反应，接着让他模仿这个声音。只要他愿意，你们可以互动，直到孩子学会正确发音。

（3）在练声期间，您甚至可以吹吹口哨，活跃学习气氛，让孩子知道嘴巴居然还能发出这么动听的声音。

总之，发挥想象力和创造力，丰富练声游戏的内容。

温馨提示：

语言能力是人的最基本能力，因此要尽早让孩子学习语言，融入家庭和社会。

19 培养合作意识

对于幼儿来说，和他人合作游戏非常重要，因为他们还不能理解竞争或淘汰的含义。在合作式游戏中，即便失败，也是所有游戏者的失败，这是游戏规则使然。

合作式游戏可以从两岁开始。最初，每次游戏的时间要适当，之后逐步延长。所有幼儿游戏都能采取合作的方式，比如图片配对游戏。

材料准备：

两套同样的图片（动物或者衣物），每套不少于六张。

游戏过程：

（1）给孩子做示范，先从第一套图片中抽取一张，说出相应动物或者衣物的名称。

（2）让孩子照样子从第一套图片中抽取一张，说出相应动物或者衣物的名称。如果他一时说不出来，您可以提醒或者告诉他。

（3）你们各自从另一套图片中寻找同样的图片配对，看谁动作快，找得准。

游戏时，你们互相帮助，发挥合作精神。

温馨提示：

开始时，可用三张图片做游戏，之后逐步增加图片数量。

20

"推倒重来"

这是一项颇受孩子们喜爱的游戏，他们的哥哥姐姐会非常投入，并希望和他一起玩。

材料准备：

一些边缘平滑且分量较轻的盒子，如装礼物的盒子或者其他类似的盒子。这些"积木"的尺寸最好差不多，质地要结实。再准备一个皮球。

游戏过程：

（1）将盒子摞成金字塔状，能搭多高就搭多高，但不要让它们倒下来。

（2）把皮球给孩子，让他朝"金字塔"方向扔过去或者滚过去……砰！看到高高搭起的塔轰然倒下是多么令人兴奋啊！此时，大家都会欢呼雀跃。

（3）再搭一座新塔，重复前面的游戏。

温馨提示：

为了使游戏更丰富，可以在盒子上涂些颜色、贴彩纸、画小丑脸等。让大孩子充当您的帮手。

21 会"说话"的手指

手可以"说话",讲述很多很多的故事……

游戏过程：

场景一 消防队长下指令

模仿消防车鸣笛声："呜呜……呜呜……"

🖐*双手握拳，竖起拇指，然后弯下*

你好！

🖐*竖起双手拇指，面向孩子*

我们是消防员。

注意！

向前走！

🖐*双手向前推*

向后退！

🖐️*双手向后拉*

　　我们要离开。

🖐️*双手快速向前推*

　　再次模仿消防车鸣笛声："呜呜……呜
呜……"

🖐️*双手张开，然后合上*

场景二　一条爬行的蛇

　　上下上下，

　　上下上下。

🖐️*一只手的食指在另一只手竖起的五指指间上下*

移动，然后停在小拇指旁

　　——喂，你是谁？

　　——我是小拇指，根本不怕你！

22 《工具箱》

爸爸喜欢在家里摆弄工具，敲敲打打，修修补补。他敲打的动作和工具发出的声响特别能引起孩子的兴趣。

下面这首儿歌是专门为爸爸编写的。他是不是合格的工匠不重要，让大家开心才最重要。孩子从儿歌中不仅可以学习有关工具的词汇，还能学会使用拟声词，了解工具的使用方法。

工具箱

爸爸有个工具箱，

用双手在空中比画一个大箱子的形状

敲起锤子，砰砰砰……

拉扯锯子，吱吱吱……

旋转扳子，叽叽叽……

夹紧钳子，咔咔咔……

扭动锥子，嚓嚓嚓……

把住钻子，嗒嗒嗒……

🖐模仿使用各种工具的动作和发出的声响

23 当个好厨师

爸爸，请您系上围裙，指导孩子做水果沙拉，然后你们一起分享劳动成果。

材料准备：

若干时令水果（如苹果、梨、香蕉、草莓、杧果等），一个沙拉盆，一个盘子，一把小刀，一把勺子。

制作过程：

（1）将水果清洗干净，削皮或剥皮后放到盘子里。

（2）教孩子用小刀小心地将水果切成碎

块，从最软的水果（如香蕉）开始切。

（3）把切好的水果放入沙拉盆，让孩子用勺子搅拌，加沙拉酱，再搅拌。

（4）为避免水果氧化，可加适量柠檬汁。最后加少许水，增加果汁的量。

一盆沙拉做好了，真是新鲜又好看！

温馨提示：

您负责切最难切的水果，不要让孩子切。务必注意用刀安全。如果孩子太小，建议不要让他动刀，可让他做辅助工作，如洗水果等。

24 冰水果和柠檬水

这是孩子很容易学做的两样食物，而且他也会特别愿意学。您一定会被他展现出的制作技巧和工作耐心折服。这项活动也能培养孩子的创造意识，同时还能帮助孩子获得满满的成就感。

材料准备：

一些时令水果（如橘子、葡萄、草莓、石榴、柠檬等），几片薄荷叶，一个洗水果盆，一把小刀，一排制作冰块用的冰格，两只小碗，两个玻璃杯，一把勺子。

游戏过程：

场景一　制作冰水果

（1）鼓励孩子自己动手洗盆中的水果，然后切成小块。

（2）指导他把水果块放入冰格中并加满水，再放入冰箱冷冻室。

（3）待水果冰冻后，从冰箱拿出并放入玻璃杯。这时水果会呈现出五彩缤纷的样子，非常漂亮。

场景二　制作柠檬水

（1）将柠檬汁挤到一只玻璃杯中，接着放入几块冰，再加入适量水。

（2）用勺子搅拌，随后把薄荷叶放在杯口处。这样就做好了一杯清香可口的柠檬水。

最后，您和孩子一起开心地品尝冰水果和柠檬水。

　　爸爸的积极表现从一开始就能促使孩
子很自然地走向独立。您可以在日常生活，
特别是游戏中与孩子互动，由此让孩子产
生一连串动作和语言体验。这对孩子的人
格塑造有着十分重要的教育意义。

让身体动起来

刚出生时（甚至是在妈妈的子宫里时），宝宝的眼睛、耳朵、鼻子、舌头和皮肤就成了宝贵的信息源，能够感知周围事物，包括宝宝自己。这些感官是宝宝与他人，首先是父母、哥哥或姐姐，建立关系的通道。自我感受让宝宝意识到身体的存在，以及身体的移动和姿势，而他的情绪则存在于身体之中并影响机体运行。

身体是宝宝发现外部世界的工具。通过游戏活动，他可以了解肢体和器官的功能，让它们始终处于良好的工作状态。

25 《猴精灵》

伴着这首《猴精灵》的节奏，您和孩子依次活动身体各个部位，做几个滑稽动作。

猴精灵

小猴可可，在动物园，它对我说：

🖐拍两次手

小朋友呀，

🖐拍两次手

动动右臂。

✋晃动一下右臂

小猴可可，在动物园，它对我说：

🖐拍两次手

小朋友呀，

拍两次手

动动左臂。

晃动一下左臂

（…………）

参照以上方式继续游戏，把身体晃动部位
替换为腿、脑袋、屁股……所有动作完成后，
再做个鬼脸！

最后说：

咱们的游戏结束啦！

一起鼓掌

26 大象家族

这是一个富有表现力的情景游戏，要求您和孩子用动作描述大象：庞大的身躯、蒲扇般的耳朵、长长的鼻子，并且有节奏地砰砰拍打自己的臀部。表示大象逃命时，做"跑"的动作，加快速度。

森林里有个大象家族。

象爸爸有这么高，耳朵有这么大，鼻子有这么长。

走起路来，咚咚咚。

象妈妈有这么高，耳朵有这么大，鼻子有这么长。

走起路来，咚咚咚。

象宝宝有这么高，耳朵有这么大，鼻子
有这么长。

走起路来，咚咚咚。

森林里还有个老虎家族，

它们想吃掉大象。

象爸爸开始跑，咚咚咚。

象妈妈跟着跑，咚咚咚。

象宝宝跟着跑，咚咚咚。

它们跑得太快了，

老虎追也追不上。

后来呀，老虎只能吃蘑菇，

因为蘑菇也有丰富的营养！

*重音落在蓝色字词上。

27

《好爸爸》

这首儿歌表达了孩子与爸爸在一起的快乐心情。可以经常和孩子一起唱起来，增进爸爸与孩子间的关系。

好爸爸

我和爸爸一起玩，

敲敲打打格外欢。

东躲西藏好热闹，

我们都是淘气包。

刷墙涂地有干劲，

洗完澡后一身净。

我和爸爸在花园，

蹦蹦跳跳到处转。

喝水吃饭不能忘，

睡觉能把个头长。

醒来之后学画画，

他是我的好爸爸。

＊重音落在蓝色字词上。

28 学跳舞

这个游戏可调动全身各部位。教孩子舞蹈之前，您要告诉他身体各部位的名称，同时动一动这些部位，加深他的印象。

跳舞可以使孩子的肢体更灵活，还可以调动他的情绪，让他充满活力。

几个舞蹈动作：

我的手在前面，

🖐向前伸胳膊，抬手

我的手在后面。

🖐向后甩胳膊

我向右转一转，

原地向右转动身体

我向左扭一扭。

原地向左扭动身体

我向前迈一步，

向前一步

我向后退一步。

退后一步

我向上跳一跳，

用力向上跳

我向下蹲一蹲。

顺势往下蹲

做完以上热身动作后，您和孩子可以伴随音乐做更剧烈的动作。在强节奏音乐的刺激下，你们即兴舞动身体，尽情释放情绪。

29 抢垫子

一般淘汰式的抢座游戏不适合幼儿，因为他们还不理解淘汰的含义，会受到伤害。所以，这里为他们专门设计了一款内容相似的游戏，气氛要和谐得多。

材料准备：

几个小垫子或者小毯子（根据参加游戏人数的多少而定）、一台音乐播放器。

游戏过程：

（1）将小垫子在房间宽敞的地方摆放成一圈。然后播放音乐，这时所有参加游戏的人随着音乐节奏，围绕垫子边走边晃动身体。

（2）音乐一停，每个人立即坐到离自己最近的垫子上。

（3）每一轮撤掉一个垫子。大家需要互相帮助，共同分享剩下的垫子，优先让最小的孩子坐到垫子上，或者两个人坐一个垫子，甚至三个人坐一个垫子，表示合作共赢。

（4）撤掉垫子，取而代之的是每次音乐停止时，做一个特别的动作，如互相伸出手，互相做个飞吻，互相拥抱，让孩子抱住爸爸的腿，一起跳一下，等等，看谁做得最好、最快。

30 幽默的人

《小丑之歌》是一首几代人传唱的经典儿歌。即便到今天，依然深受孩子们的喜爱。父母让孩子早点接触幽默的东西，有助于他成为富有幽默感和高情商的人。

您可以边唱边模仿小丑的动作，带着孩子一起做游戏。

小丑之歌

大大红鼻头，

☝把一只手的食指放在鼻子上

眼下画横眉；

☝双手食指在眼睛下面画一道横

高帽头上晃，

用手拍一下头顶

一副调皮相；

眯起眼睛

脚蹬船形鞋，

先抬右脚，后抬左脚

还穿肥裤子；

同时拽裤子两边

浑身痒痒时，

用手到处挠痒

蹦上天花板！

举起双臂，向上跳一跳

31 肢体运动

和宝宝一起，伴随儿歌的节奏，交替活动身体各部位。宝宝开始蹒跚学步时，肢体协调能力不够强，需要在父母指导下不断练习。

会动的身体！

小脚嗒嗒嗒，

跺跺脚

小手啪啦啦，

拍拍手

一只在左边，一只在右边，

合在一起转三转。

双掌相对，合起来，然后转动手腕

脑袋晃一晃，

👋 *把脑袋歪向一侧，然后转向另一侧*

手指咔嗒嗒，

👋 *弹手指*

五指在这边，五指在那边，

合在一起转三转。

👋 *双手手指相对，交叉合掌，然后转动手腕*

我是蝴蝶王，朝着月亮飞，

👋 *举起双臂，模仿蝴蝶扑扇翅膀飞*

飞到这里来，飞到那里去，

飞来飞去转三转。

👋 *分开双手，抖动手指，做出向四处"飞"的动作*

可替换为身体其他部位的动作或变换游戏内容，如左右晃身体、前后甩胳膊、踢踢腿等。

32 小铃铛

这个游戏可以锻炼孩子的听觉和身体协调能力,玩法简单又有趣。

材料准备:

几个铃铛、一个夹子或者一根细绳。

游戏过程:

(1)用夹子分别夹住几个铃铛或用细绳从铃铛上的孔穿过去,将它们固定在宝宝的脚上(比如袜子或脚踝处)或胳膊上(比如衣服袖子或手腕处)。

(2)让宝宝活动胳膊或腿脚,这时铃铛会

发出悦耳的声音。他先是一惊，继而会把动作
与声音联系起来。

（3）为了听到铃铛声，他会专注地活动身
体。不断重复的声音使他意识到身体与动作有
直接的关系。

温馨提示：

　　游戏时间不宜过长，否则孩子会疲乏，整
个过程需要父母陪伴。

33 洗澡欢乐多

洗澡是和孩子一起玩耍和放松心情的好时机：在澡盆里玩水，与他一起唱歌，做各种小实验和教他穿衣服。

材料准备：

一些可在水面漂浮的玩具和空塑料瓶。

游戏过程：

（1）将玩具放入澡盆，让孩子观察浮动着的玩具，推动它们前行或者将它们压入水中，让孩子发现浮力的奥秘。

（2）还可以把瓶子装满水，再倒出来，盖

上盖子，分别看看瓶子在水里有什么变化。

（3）洗完澡后，鼓励孩子自己擦干身体，穿上衣服，具体要看他的实际动作能力。如果他能站起来，就让他站着做。

（4）对于太小的孩子，只需告诉他您要做什么，并让他主动配合即可。如抬抬胳膊，把袖子套上；伸出腿，穿上裤子等。

温馨提示：

孩子玩水过程中，您要随时监控，以免发生意外。

34 教宝宝做瑜伽

生活中，繁忙的父母很难找到充裕的时间陪伴孩子放松放松。为什么要等呢？从现在开始，哪怕抽出一点点时间，专注教孩子一两个简单的瑜伽动作，让他能够学会调整自己的呼吸就行。

练习过程中，您和孩子身心融合、动静相宜，这对彼此都裨益良多，不仅可让彼此关系更密切，还能愉悦身心。

材料准备：

一张小毯子或一个瑜伽垫。

游戏过程：

场景一　盘腿而坐

（1）您将毯子或瑜伽垫平铺到地上，然后盘腿静坐。把宝宝放在两腿中间。双手放在膝盖上，掌心朝下。

（2）双眼微闭，用意念调整坐姿，即臀部紧贴地面，身体上拔。（如图①）

（3）轻轻吸进凉爽空气，呼出温热气息。

（4）用心体会自己的呼吸和孩子的呼吸。

（5）结束时，慢慢睁开双眼。

场景二　仰卧调息

（1）您仰面躺下，双脚脚掌着地。让宝宝仰卧在您的身上，双手扶住他。或许他也会模仿您的动作。

（2）用心体验，腹部随着呼气和吸气上下起伏，宝宝也会随着您的呼吸上下活动。

（3）上抬双脚，小腿伸直，保持一会儿，再将双腿收到胸前弯曲，膝盖朝上，留出宝宝躺的地方。（如图②）

（4）将双手放在膝盖上轻轻揉动。最后双脚脚掌落地，回到起始位置。

温馨提示：

　　（1）如果宝宝不愿意趴或躺在您的身上，想单独活动，探索周围的未知世界，您在专注自己动作的同时，要留意他的动作，避免发生意外。

　　（2）让宝宝观察您的动作也很有必要，因为他的模仿力极强，能迅速掌握动作要领。

35 与宝宝平起平坐

您与孩子接触时要尽量保持同等高度，这样既是表示对他的重视和爱意，又有助于你们相互沟通。

请关注以下几个场景：

（1）跟孩子说话时，您可坐着或者躺在地毯上，和他面对面，以便进行眼神交流，准确传递彼此的想法。

（2）吃饭时，您和孩子一起坐在地垫上用奶瓶给他喂奶。要是他能独自坐起来，可以让他坐在高椅上和您一起在桌边吃饭。无论何种情况，要选用合适的垫子或者椅子，确保孩子保持良好的坐姿。

（3）带孩子外出散步或者购物时，您要时常停下脚步，俯下身和他说话，征求意见，问他想去哪儿或想买什么东西等，鼓励他自己的事情自己做主。

（4）向他人做自我介绍时，不要忘了同时介绍您的孩子，否则他会很失落。

温馨提示：

您要从心理和行动上把孩子当成完整的人，从小帮助他树立自信心，切不可因为他还小，便忽视他的存在。

36 给他一处小天地

孩子应该有自己的活动空间。为此，您先把房间里易损或者有潜在危险的东西拿走，这样便可放心让他自由活动。或者专门留出房间的某个角落作为活动区。

孩子的衣物、非易损餐具、毛巾、玩具、图书等都要放在方便拿取的地方。比如衣柜里有他的专属空间，客厅里摆放玩具箱等；还有，洗手池前最好放一个垫脚凳，便于他站上去自己洗手、洗脸。

总之，要让孩子在家里能够自由自在、方便无碍地活动，释放他好动的天性。切忌封闭和限制他的活动，甚至训斥他。

　　对带棱角的家具一定要做安全处理，如包裹海绵。特别注意与孩子身高相当的桌沿等，要避免碰撞。

37 练习 "爬"

您的宝宝先是在地上翻滚，然后开始学习四肢着地爬行。这时或者再晚些，他便要尝试攀爬了，其动作能力日渐提高。

对孩子来说，攀爬的动作好处多多：可以锻炼他的运动能力，帮助他发现周围的事物，刺激其前庭知觉，提高其肌肉紧张度和手、脚、膝等的支撑力。

材料准备：

收集一些结实的塑料箱（甚至体积稍大的包装箱）、若干靠垫和沙发垫。

游戏过程：

（1）用准备好的材料靠墙搭台子，让孩子随性地爬上爬下，不要干预。

（2）扶着孩子上下楼梯，教他抬腿迈步。学会爬楼梯意味着他开始有自我保护意识和一定的自主活动能力。

（3）带孩子去儿童游乐园，让他尝试爬攀登架，强化手脚协调能力。

温馨提示：

在孩子学习攀爬的过程中，要注意安全防护。实际上，宝宝动作能力的提高离不开父母耐心、细心的指导与帮助。

100招爸爸育儿

38 小小运动场

您何不在家里为孩子设计一个小小运动场，和他一起做各种游戏呢？看到他在运动场上放飞自我，尽情滚、爬、跳、跑，您一定会感到非常高兴。

材料准备：

根据设计方案，酌情准备。

游戏过程：

（1）将一块厚木板或者复合板打磨光滑，倾斜摆放做滑梯用。教孩子从上面滑下来，以此锻炼他的腹肌和胆量。

（2）借助几根结实的棍子指导孩子练习平衡力、摸高、跳跃等。比如把棍子放到地上，让他从上面跳过去；或者您拿着棍子保持一定高度，鼓励他跳起来摸高……

（3）您在平地上轻轻抛出一个皮球，让孩子在后面追逐。他蹒跚的样子，多么滑稽有趣！

（4）找一个大纸箱子，将两端的箱盖打开，让孩子来回穿越，颇有钻山洞的感觉。

（5）软床垫和沙发可以作为幼儿的蹦床，他可以在上面蹦跳，不亦乐乎！

温馨提示：

父母必须监控孩子运动时的动作，防止发生意外。必要时，要扶着他做"高难度"动作。

39 做鬼脸

出生后，宝宝会关注父母的面容、表情以及行为举止。他对鬼脸非常感兴趣。因此，父母可经常做出吃惊、大笑的样子，或者模仿滑稽动作……这个游戏一定会让他着迷！

游戏过程：

（1）您和孩子面对面或者对着镜子站着，给孩子做各种各样的鬼脸，如吐舌头、皱眉头、挤眼睛、瞪眼睛、噘嘴巴、扯耳朵等。

（2）引导孩子逐一模仿您的动作，体会其中的乐趣。

（3）和孩子一起做个小竞赛，看谁做的动

作最搞笑。

温馨提示：

　　注意观察孩子的反应，给他时间理解游戏内容。不久后，他便会模仿您做鬼脸，甚至还会做出其他表情。

40 模仿动物

和孩子共度快乐时光有助于建立亲密的关系。对他来说，也是提高自身能力的机会，比如学习照顾自己、释放情绪和客观认识生活。当然，也可以让他和哥哥、姐姐一起玩耍，增进手足情。

动物是我们的近邻，对我们的影响非常大。现在，要发挥想象力，模仿各种动物的动作。

游戏过程：

场景一　模仿猫

（1）您和孩子分别趴在地上，保持身体平

衡，手与肩垂直，大腿与地面呈直角，然后模仿猫的动作。

（2）对他说："当让人抚摸时，猫会向上抬头。"这时，尽可能向上看，抬下巴，塌腰。（如图①）

（3）对他说："当发怒或者害怕时，猫的背会呈圆弧状。"动作示范：前移骨盆，抬腰，慢慢低头。

（4）模仿一只猫寻求爱抚到发怒的过程。接着，再反向模仿。

（5）你们互相"观摩"，看谁模仿得最像。

场景二 模仿熊

（1）您将四肢着地，慢慢往前爬行，还不时左右晃动脑袋，好似一头熊在慢悠悠地散步。

（2）这时，您停下来，跪在地上，抬起双臂，手举过头顶，挺直腰；接着双手掌心相对，上抬下巴，向上看，好似察看树洞里是否有蜂蜜，寻找散发出的蜜香味。（如图②）

（3）让孩子站在旁边仔细观看您的动作，然后再一个一个动作地模仿，直到熟练掌握动作要领。

场景三 模仿猴子

您和孩子学着猴子的样子抓耳挠腮，或者手搭凉棚往远看，或者蹦蹦跳跳，总之动作要尽量惟妙惟肖。

温馨提示：

如果此时此刻孩子不想和您一起游戏，不要勉强。他会在看中学，看到您的动作，先"记录"在大脑里，有待以后模仿，最终从中受益。

41 玩纸箱纸盒

日常生活中，我们有很多废弃的纸箱纸盒。利用它们做游戏不失为一种变废为宝的好方法。

材料准备：

一些大小各异的纸箱纸盒，如物品包装箱、鞋盒等。

游戏过程：

场景一　搭房子

您和孩子开动脑筋，用纸箱、纸盒搭起一座漂亮的房子。要是觉得不够，还可以在上面

开几个小窗户。

场景二　钻山洞

打开一只大纸箱的两端，形成一个"山洞"，让孩子从里面钻过去，好似穿越山洞。还可以将几只箱子首尾相连，这样效果更好！

场景三　坐火车

把几个纸箱排列成火车车厢的样子。让孩子坐在里面，您向前推动箱子。"呜！呜！""火车开动了！'旅客们'请注意安全！"

场景四　推大山

将所有小盒子高高摞到一只大箱子上，然后从一个房间推到另一个房间。要注意：不要让盒子从箱子上掉下来，否则就算失败。

42 儿童平衡车

　　孩子学会走路和跑动后，会迫切希望走得更远，体验身体平衡的快感。

　　儿童平衡车是很好的工具，这种车没有脚踏板，孩子骑在上面，用脚助力车子前行。

注意事项：

　　（1）学骑儿童平衡车是学骑自行车前的热身练习。当孩子基本掌握骑童车的技巧后，日后学骑自行车也会更容易。

　　（2）孩子练习过程中，您要密切监控，以免发生摔倒、碰撞等意外。开始时，最好扶着他，直到他学会控制车把和找到前后轮平衡的规律，之后再放手让他自己练习。

（3）如果您会拆卸车子，可找一辆普通旧童车，卸掉链子和脚踏板，让孩子的脚能够着地。这样，他就有了自己的平衡车。

（4）要经常保养车子，该上油就上油，该紧螺丝就紧螺丝，尽量使车子处于良好状态。

43 小渔夫

钓鱼是一项动静结合的游戏，既能磨炼孩子的耐心，又能提高他动作的精细度。

材料准备：

一根竹竿或者细木棍（长度略短于孩子身高）、几张厚纸、一支彩笔、一卷胶带、一根细绳、一小段铁丝、几个挂窗帘用的小圆环（也可用细铁丝自制圆环）。

游戏过程：

场景一　制作鱼竿、鱼钩、鱼

（1）在竹竿一端系一根细绳，绳头上挂一

个用铁丝弯成的小"鱼钩"。

（2）在厚纸上画出几条大小不同、形状各异的鱼。让孩子用彩笔给鱼着色。

（3）接着用胶带把圆环一一固定在鱼背上，尽可能便于鱼钩钩住，最后把"鱼"放在地上，圆环朝上。

场景二　钓鱼

（1）给孩子做钓鱼示范，即拿着鱼竿，慢慢让鱼钩钩住"鱼"背上的圆环，然后起竿。

（2）让孩子拿竿尝试钓鱼。

温馨提示：

如果用塑料板制作"鱼"，可以把它们放到水池或水盆里，游戏效果会更好。

44 《红蚂蚁》

唱儿歌时一定要配合动作，这样才能生动地表现情景，激发孩子的表演兴趣。

红蚂蚁

一只红蚂蚁，

🖐 *说到"红"字时拍一下手*

头戴小蓝帽；

🖐 *双手食指同时指向头部*

跳到水杯里，

🖐 *模仿用勺子在杯子里搅动*

来回闲逛逛；

🖐 *模仿散步的样子*

蚂蚁跳一跳，

双手合掌，向前推

　　碰坏小鼻子；

一只手的食指放在鼻子上

　　浮到水面上，

一只手掌做"漂浮"动作

　　手脚乱扒拉；

两只手同时做"划水"动作

　　待在勺子里，

一只手掌做凹状

　　像坐小皮筏；

另一只手掌做"漂浮"的动作

　　为了找鼻子，

一只手的食指指鼻子

　　被困在水中。

双手手指从两边卡住鼻子

45 练习推拉

孩子们特别喜欢推拉东西，借此探寻空间的奥秘，感受对物品的控制力。对此，父母要理解他们的行为，尽可能多地创造条件，让他们展示自己的能力。

材料准备：

一辆小推车、一只带轱辘的旅行箱、一个铃铛或其他任何可推拉的东西，或者自制推拉玩具。

游戏过程：

（1）带孩子到户外，教他推小车或拉旅行

箱。在旅行箱上面系个铃铛，推拉时伴随叮当声，游戏会更有趣。如果把常用玩具放到车子或箱子里，孩子推拉时会很有成就感。

（2）您可以找其他一些能推拉滑动的物件，如门插销、拉锁、抽屉等，或者用纸板、别针、细绳等材料自制牵线玩具，和孩子一起玩推拉游戏。

温馨提示：

父母要随时监控孩子的动作，避免游戏时发生意外。

　　爸爸给予孩子爱、时间和耐心，陪他玩耍，既教他如何做事，又给他提供一种行为和自我认知的模式，为他积极适应社会奠定基础。

感知世界

　　无论是幼儿还是成人，都需要彼此触摸，尽享肌肤之亲。触觉是人类最重要，也是最奇妙的感觉之一。

　　愉快的场景通常会使人释放催产素。这种物质因其在人类哺乳和分娩时的作用又被称作"爱情激素"。在催产素的作用，下，人会感觉平静而舒适。比如爸爸搂抱孩子或者妈妈给孩子喂奶就是十分温暖的场景，有助于刺激催产素的产生，易使人平静、放松，获得满足感，有益于身心健康。

　　所以，我们要利用好大自然给予的禀赋，当好爸爸妈妈，努力发挥感官的作用，向孩子表达爱意，与他良好沟通。

46 体验呼吸

呼吸是生命的体现。可以和孩子做几个简单的游戏，让他了解气与呼吸的关系以及呼吸的作用。

材料准备：

两张大尺寸的瑜伽垫或家用地毯。

游戏过程：

场景一　感觉气息运行

（1）您和孩子各自坐在瑜伽垫上，然后平躺，把双手或一只手放在肚子上，感受它在呼吸的作用下起伏。

（2）以同样的方式把手放在胸口上，感受呼吸的作用，这时手的起伏不是那么明显，因为有胸部骨骼的阻挡。

（3）朝手背吹气，感觉一股热气从口中吐出。你们也可以轮流吹一支蜡烛、一支笔、一张纸、一个气球等物品，观察气所引起的物体运动。

场景二 模仿花瓣开合

（1）您与孩子并排或者相对跪坐，一起分享花朵的故事。

（2）"夜里，花瓣合起来，花要睡觉了。"这时，你们坐好，弓背，前额贴地面，保持呼

吸顺畅。（如图①）

（3）"当太阳升起时，花瓣渐渐开放，挺立起来，不断长大，并且享受阳光的沐浴。"这时，你们一边吸气，一边伸展腰、抬起头、向上和向两侧张开手臂。

（4）"当太阳落下时，花又要睡觉了。"你们随着呼吸，慢慢回到起始姿势（弓背，前额贴地面），保持呼吸顺畅。

场景三 模仿潮起潮落

（1）伴随呼吸的节奏，把自己当作大海中涨落的潮水。采取适合自己的姿势（站立、跪坐或盘腿坐），向前慢慢展开双臂，犹如到来的涨潮：深吸气。(如图②)

（2）向内侧慢慢收回双臂，犹如退去的潮水：深呼气。(如图③)

温馨提示：

初学时，孩子也许不容易掌握动作要领，需要您的耐心指导和示范。

47 平衡与失衡

孩子们喜欢玩平衡与失衡的游戏，体验别样的感觉。这类游戏让他们经历"跌倒"的过程，既是物理上的，又是心理上的。

游戏过程：

（1）让孩子站好，两臂由体侧抬起，保持平衡，然后再抬起一条腿，单腿站立，犹如小鸟展翅欲飞。但是，他坚持不了一会儿，便会失去平衡，身体向某个方向倾斜。以同样的方式重复几遍，让他充分体验平衡与失衡的感觉。

（2）您坐在草地上，紧挨着孩子。然后两人伴随儿歌的节奏，左右摇晃身体。最后轻轻地倒在一边。

大象爷爷晃悠悠

大象爷爷晃悠悠，

一步一摇嗨哟嗨；

我们一起做游戏，

突然跌倒乐呵呵！

温馨提示：

　　每次"跌倒"的方向可以不同：向前、向

后、向左、向右等。要确保孩子的安全，"跌倒"

的动作要轻柔、放松。

48 猜猜这是什么

猜谜是孩子们最喜爱的游戏之一。因为它充满未知和不确定性，总能引起他们无尽的好奇心，激发他们的想象。

材料准备：

一只宽大的盆，几只罐子，一些不同种类的粮食（大米、绿豆、红豆、玉米等）和形状各异的坚果（带壳的榛子、去壳的花生和杏仁等）。

游戏过程：

（1）告诉孩子不同粮食和坚果的名称，然后将它们倒入盆中混合。

（2）让孩子伸手触摸，感觉它们的大小和形状，记住它们的特点，然后逐一拿出来，说出它们的名称。

（3）蒙上孩子的眼睛，您从盆中拿出某种粮食或者坚果，让他触摸后说出名称，以此锻炼他的反应能力和记忆力。

温馨提示：

初玩游戏，可暂选三四种粮食和坚果，之后逐步增加品种，提高识别难度。

49 《大南瓜》

这首儿歌配合动作，生动描绘了动物间相依相恋的情感和经受的病痛。通过唱儿歌，孩子可以提高情感表现力，学习简单的表演技巧。

大南瓜

这是一个大南瓜，

🖐双手摆个大圆圈

里面有只花蝴蝶。

🖐用手做出蝴蝶飞的样子

蝴蝶爱上青蛙哥，

🖐把手心放到胸前

相亲相爱不分离。

青蛙哥哥喊牙痛,

🖐*用食指指着牙齿,做出痛的表情*

哎哟哎哟哎哟哟!

🖐*做个咧嘴动作*

我的牙齿真叫痛,

烦人烦人太烦人!

🖐*用食指指着牙齿,做出痛的表情*

*重音落在蓝色字词上。

温馨提示:

可以重复上面的歌词,也可以替换其中的内容,比如把牙痛改成嘴(巴)痛或者脚(丫)痛。在儿歌中多加几个重音和肢体动作,使情景更有趣味。

50 《一只小蜗牛》

动物是儿歌的永恒主题，当我们以拟人化的方式将各种小动物引入生活场景时，孩子们会发自内心地热爱动物、保护动物，主动亲近大自然。

一只小蜗牛

小呀小蜗牛，

身上沉甸甸。

🖐用手指背部

背个大房子，

🖐双手做屋顶状

从来不怕雨。

露出小脑袋，

整天乐呵呵。

🖐一只手模仿蜗牛，并从另一只手下面穿过去，好

似蜗牛钻出壳儿

蜗牛爬不停，

浑身都是劲。

左顾还右盼，

四处好风光。

🖐用手做蜗牛到处爬的动作

* 重音落在蓝色字词上。

51

儿歌里的情感

孩子们会时不时地外露自己的情感：高兴、生气、烦恼、激动等。

为了帮助孩子们更好地表达和纾解情感，父母首先要学会把握和释放自己的情感，切忌过分压抑自己。忘记"男儿有泪不轻弹"的传统观念！

下面这首儿歌罗列了几种常有的情感及其表达方式。

喜怒哀乐

当我在公园游戏时，感觉兴奋又快乐。

当我在发烧感冒时，浑身无力且难受。

当我被抢了玩具时，心里愤怒又生气。

当我看见了爸爸时，就想拥抱和唱歌。

*重音落在蓝色字词上。

温馨提示：

面部表情要鲜明并富有表现力。儿歌内容
也可以适当扩充。

52 听……

为了丰富孩子的听觉感受，提高他对声音的敏感性，父母要营造一个安静、轻松的氛围，和他一起听音乐，或者听大自然发出的各种声音。

材料准备：

一台音乐播放器或者一部有音乐播放功能的手机。

游戏过程：

（1）您和孩子静静地坐着，或面对面，或并排，或坐在地毯和床垫上，或躺在吊床里，或靠在扶手椅里。

（2）微闭双眼，放松情绪，然后播放音乐。一起专心听，无论是古典乐、摇滚乐，还是民谣、爵士乐，甚至是流行音乐。

（3）静下心来，聆听大自然的声音，风声、水声、鸟鸣声、树叶摇曳声。

（4）给孩子讲解听到的各种声音，帮助他理解和加深印象。

温馨提示：

游戏时间可长可短，以不致疲劳为宜。也可以分段听，比如听一段音乐后休息片刻，再听下一段。

53 自制小香包

这个游戏需要您做点简单的针线活儿，让孩子当帮手，提高他的观察能力和动手能力。

材料准备：

一块棉布，一根缝纫针，一长段棉线，一些香料（豆蔻、胡椒、百里香等），一段线绳。

制作过程：

（1）把布洗干净，剪裁成几块12厘米×12厘米的小方布。

（2）将两块方布叠在一起，布的反面相对，在离布边1厘米处按顺序缝好三条边。

（3）翻出布的正面，一个布袋便做成了。

（4）把香料装入袋子，把未封口的两块布的活边对在一起缝好。

（5）将一根长短适宜的线绳缝在香包上，便于悬挂。

温馨提示：

在制作过程中，安排孩子做些力所能及的工作，比如叠布、装香料等。还可以制作大小不一、颜色各异的系列香包，增强游戏的趣味性。此外，要看管好针线等物，缝纫时应与孩子保持一定距离。

54 什么味道

父母要尽早有意识地培养孩子识别、品尝生活中常见的瓜果蔬菜及五谷杂粮的能力，诸如辨别它们的颜色、形状、大小、重量、味道等。同时，要让他知道一粥一饭，当思来之不易。

这个游戏有助于锻炼幼儿的味觉和视觉，教他们识别某些瓜果蔬菜的味道。

材料准备：

几种可以生吃的瓜果蔬菜，品种不宜过多。

游戏过程：

（1）您把瓜果蔬菜洗干净，一一指给孩子看，并说出它们的名称。

（2）可以让孩子逐个品尝，描述它们的味道、颜色、形状等，最后说出它们的名称。

（3）把孩子的眼睛蒙上，让他先品尝一种水果或者蔬菜，问他吃的是什么、味道如何等，以此类推。

温馨提示：

幼儿的语言表达能力仍然比较薄弱，需要您教他如何生动地描述食物的味道。

55 光脚走路

孩子光脚走路可以增强足弓肌肉力量，改善平衡能力。足弓由肌肉组织构成，只有经常锻炼才能有力量。

场地准备：

选择适合孩子光脚走的地面，如地毯、地板、草席、草坪、软土地、黏土地、沙地等。

游戏过程：

（1）您光脚在家里的地毯和地板上走，再到户外草坪、土地和沙地上走，然后向孩子描述您的感受，如软、硬、平、光、滑等。步态要稳，步速要慢。

（2）让孩子也光脚走路，体验各种质地的地面，强化他对软、硬、平、光、滑等感觉的感性认知。

温馨提示：

天冷、地面湿滑或者在其他不适宜光脚走路的情况下，要给孩子穿上松软的鞋子，这样既可保护他的脚，又可让他保持一定的触觉敏感性。

56 水中嬉戏

神奇的水能够给孩子各种体验，促进他们的运动机能发育。父母应鼓励孩子们在澡盆、儿童泳池、海边和小溪中尽情地戏水玩耍。

无论怎样的游戏，目的只有一个，就是让孩子在快乐中学习知识、锻炼身体。游戏方式多种多样，没有最好的，只有最适合的。

游戏方式：

（1）让孩子把手放入水中或浮在水面，感知浮力的作用。

（2）让他用手或一个容器盛正在流动的

水，感知水的推力。

（3）还可让他用手（脚）拍打水，逐渐加大力量，溅起一点、许多或大量水花，感知力与水花的关系。

（4）尝试推动水中漂浮物前进，感知水的阻力。

（5）让他用罐子或瓶子盛满水，再倒空，感知水的重力。

（6）您用花洒制造人工雨，让他观察倾泻而下的水流。

（7）淋浴时，让他仔细体验水在身上流淌的感觉。

温馨提示：

所有戏水活动都必须在父母的监督下进行。必要时，还要给孩子穿上救生衣或者戴上救生圈。

57

倒水游戏

有些游戏需要孩子掌握一定技巧或者具有较高的动作精准度，因此更能刺激他们的好奇心，让他们乐此不疲，例如倒水游戏。

材料准备：

两个空塑料杯子、一个托盘、一只细口塑料瓶、一只盛满水的水壶、一块抹布或海绵。

游戏过程：

（1）把托盘放到桌子上，将壶中的水倒入一个杯子，倒满为止。

（2）把空杯子放在托盘里，一只手拿着盛

满水的杯子，将水缓缓倒入空杯子，如此反复，尽量不让水洒到杯子外。

（3）为增加游戏难度，把细口的空瓶子放在托盘里，一只手拿着盛满水的杯子，对准瓶口，将水倒入其中。

（4）还可以用一只手拿着空瓶，另一只手倒水。要做到滴水不漏，更是难上加难！

（5）游戏结束后，用抹布擦干桌面，收拾好用具，培养孩子做事善始善终的意识。

温馨提示：

开始时，孩子的动作可能会略显笨拙，会时不时把水洒到托盘外。为此，您切勿责怪，而要多鼓励、多指导、多示范。

58 按摩

给宝宝按摩有不少好处，无论是对其生理机能，还是对其情绪情感。触觉是宝宝最先被唤醒的感觉，作用于皮肤、肌肉、血液循环、免疫力、人的意识等。

正是通过触摸，人与人之间、人与物之间形成了互动关系。按摩时，手是实现这种温存、友善关系的工具，使按摩者和被按摩者都能感受到快乐。

但是要知道，爸爸和妈妈触摸宝宝的效果不尽相同，这恰是按摩的魅力所在。比如爸爸的手法力度明显，而妈妈的则更温柔。

按摩须知：

（1）按摩手法要简单、自然。在实践中逐步提高技巧。

（2）应在平静和无拘束的环境中进行按摩。场地的光线要柔和，温度要适宜，可伴随轻柔的音乐。

（3）按摩者最好坐在垫子上，让孩子坐在小毯子或者厚毛巾上。

（4）最好使用初次冷榨的天然植物按摩油。

（5）提前准备好按摩过程中和结束之后所需的物品，如按摩油、毛巾、衣服、尿不湿等。

（6）将按摩油倒在手上焐热后再轻轻涂到孩子身上。

（7）事先与孩子沟通好，让他积极配合："我要给你按摩了，好不好呀？"注意观察他的反应。

59 背部按摩

按摩背部时，让孩子趴在您面前。您的手做合围运动，形成一套短促且完整的按摩动作，可适当延长按摩时间。

材料准备：

一瓶按摩油或者润肤油、一条浴巾。

动作要领和顺序：

（1）在孩子背部、两臂、两腿等需要按摩的地方涂抹适量按摩油。

（2）把右手放在孩子的骨盆中间位置，手指张开，然后沿着脊柱向上滑动至颈部。

（3）手沿着孩子的右手臂外侧滑动至指尖，再从其右手臂内侧向上滑动至腋下，然后到右侧胁部。

（4）手沿着孩子的右腿外侧滑动至腿根，继续沿着右腿内侧滑动至腿根。

（5）换左手，以同样的方式按摩孩子的身体左侧。

（6）按摩完成后，用浴巾将孩子身上的按摩油擦干净。

做的整套按摩动作好似在孩子身体两侧各画了一个大"8"字。

温馨提示：

按摩时，动作要轻柔，施力要均匀。为了活跃气氛，可以给孩子哼唱儿歌或者讲故事。

60 识颜色

教孩子识颜色可以让他学习颜色名称，还能提高他对颜色的感性认识，增强敏感性。

材料准备：

（1）制作一套卡片，给每张卡片着色，依次为白、黑、蓝、红、黄、绿、紫、橙。卡片大小要适合孩子使用。

（2）以8种颜色为基础，制作单一色的色差卡，每种颜色3张小卡片，由深到浅，如从暗绿到青绿，再到浅绿等。

（3）也可以用彩笔在白纸上涂出不同颜色，以替代色卡。

游戏过程：

（1）告诉孩子这8种颜色的名称，教他识别这些颜色。有些孩子可能对颜色比较敏感，可以告诉他同一颜色会有色差，并让他看某种颜色的3张色差卡，按顺序说出其名称。以红色为例：由深到浅依次为深红、正红和浅红。

（2）将不同颜色的色差卡片全部混在一起，您和孩子从中挑出同颜色卡片，分别由深到浅进行排列。

温馨提示：

生活中，各种颜色的东西让人眼花缭乱，即便同一颜色也有太多等级的色差，名称更是五花八门。为方便孩子识别颜色和色差，建议选择同一颜色中几种常见的色差和简单名称，切忌过繁过杂。最初以识别3种颜色为宜，之后逐步增加。

61 振动板

孩子经常坐在地毯上玩耍。为了让他获得别样感受，了解周围环境，您可以利用胶合板给他制作一个振动板，通过振动产生有趣的音响效果和身体动感。

材料准备：

找一块厚4毫米，边长120厘米（或者150厘米）的正方体胶合板。在板子下面靠近边缘处，粘一块2厘米×2厘米的小木块。

游戏过程：

（1）把板子放在平地上，与地面形成坡度。

（2）鼓励孩子站在板子上轻轻跳一跳，便能听见板子发出奇特的声音。

（3）让孩子使劲跳一下，这时板子发出的声音更响了，且弹力明显增加，还有很强的振动感。

（4）告诉孩子：板子下面的加高部分与地面之间有空隙，所以人在上面跳动时，它就会产生振动及声响。

（5）让孩子在平地上跳一跳，感觉肯定会不一样。

温馨提示：

由于板子有一定坡度，要注意孩子跳动时的安全。

62 《挠痒痒》

每种动物都有其"标配"动作，让孩子观察各种动物，找出它们的动作特点，培养孩子的观察力。

您可以和孩子一起边唱儿歌边模仿动物的动作。

挠痒痒

一只小动物，爬呀爬上来……痒痒痒！

🖐您用手指从孩子的手或脚开始，沿肢体挠痒痒

一只小壁虎，爬呀爬墙壁……痒痒痒！

🖐您用一根手指在孩子的皮肤上轻轻滑动

一只小螃蟹，夹呀夹鼻子……痒痒痒！

🖐 *您用拇指和食指轻轻捏夹鼻子*

一只小青蛙，跳呀跳河沟……痒痒痒！

🖐 *您用同一只手的拇指、食指和中指做跳的动作*

一只小鼹鼠，刨呀刨土坑……痒痒痒！

🖐 *您并拢除拇指外的其余四指做刨的动作*

一只小猫咪，扑呀扑老鼠……痒痒痒！

🖐 *您伸出一只手做扑抓的动作*

温馨提示：

您可以指导孩子在儿歌中加入其他动物，
使内容更加丰富。

63 腹部和四肢按摩

让孩子面向您平躺，以便按摩腹部和四肢。

按摩过程中，完成一套动作后，务必在手上再涂些按摩油，保持润滑。此外，要通过动作、声音、眼神等始终与孩子保持沟通。

材料准备：

一瓶按摩油或者润肤油、一条浴巾。

动作要领和顺序：

（1）准备动作。您在双手手掌上涂抹适量按摩油，然后先在孩子全身滑动，参照按摩背部（见第 59 项活动）的方式，画个大"8"字形。也可以随意在孩子身上滑动，适当增加油性和水性。

（2）按摩腹部。将手指的指尖放到孩子的肚脐上，然后按顺时针方向（这是食物在肠道中的运动方向）画圈。

（3）按摩胳膊。用一只手的拇指和食指轻轻握住孩子的手腕，另一只手在其腋下握住他的胳膊，慢慢滑动至手腕。接着，第一只手从手腕滑动到腋下。双手交替重复前面的动作。最后，您的手掌滑动到孩子的手掌上，覆盖他的整只小手。

以同样的方式按摩孩子的另一只胳膊。

（4）按摩腿部。参照以上方式按摩腿部，即用一只手握住孩子的脚踝，另一只手放在他的骨盆处，沿腿外侧向脚踝滑动，直到与第一只手交汇。

以同样的方式按摩另一条腿。

（5）按摩脚掌。用一只手在孩子的左脚掌上滑动，覆盖到整只小脚；另一只手轻轻托住他的脚，脚踝平放在手上。

以同样的方式按摩另一只脚掌。

（6）结束动作。用双手在孩子全身随意滑动几下，结束此次按摩。

温馨提示：

　　（1）按摩腹部时施力要轻柔，但是按摩四肢时可适当加力。

　　（2）如果按摩过程中孩子表现出烦躁等不良情绪，应立即停止。

64

《给你一个吻》

教孩子唱儿歌，是增进彼此感情的好方法。下面这首脍炙人口的儿歌《给你一个吻》，可以和孩子一起唱。结束时，大家哈哈大笑，互相拍拍手，表达快乐的心情。

给你一个吻

你抓我呀我抓你，

抓住一把小胡子；

🖐 *假装抓对方的下巴*

你我两人谁先笑，

谁就得到一个吻！

🖐 *第一个笑的人将得到一个大大的飞吻*

你抓我呀我抓你，

抓住一只小发卡；

假装抓对方的头发

你我两人谁先笑，

谁就得到一个吻！

你抓我呀我抓你，

抓住两个小膝盖；

假装抓对方的双膝

你我两人谁先笑，

谁就得到一个吻！

一起哈哈大笑，拍拍手

65

《小船海上漂》

这是一首描述身体轻飘摇摆的儿歌。您可即兴哼唱，也可伴随熟悉的曲调哼唱，关键是要把握好儿歌与动作的节奏。

您边唱儿歌边给孩子做动作示范，然后让他照做几遍。

小船海上漂

小船海上漂呀漂，

前摇后晃不停歇。

🖐身体来回向前摇，向后晃

小船风中摆呀摆，

左摇右晃没个完。

身体来回向左摇，向右晃

海浪一波接一波，

来也匆匆去也快。

两臂抬高与胸齐，从左到右上下摆动

潮水涌动推小船，

上下翻滚真凶猛。

两臂做风车状滚动，相互绕着转

*重音落在蓝色字词上。

66 脸部按摩

脸部是身体最敏感和最复杂的部位，多有起伏，不易按摩。您要全神贯注，尽可能用轻柔、自然的手法，让孩子感觉舒适。

材料准备：

一瓶按摩油或者润肤油、一条浴巾。

动作要领和顺序：

（1）按摩耳朵。从耳朵开始按摩。一只手的拇指和食指轻夹一只耳朵的耳轮，自上而下揉搓至耳垂。可重复数次。换另一只手，以同样的方式按摩另一只耳朵。也可用两只手同时按摩两只耳朵。

（2）按摩头部。双手手指轻抚孩子头部，从头顶向脸两侧滑动。

（3）按摩额头。双手拇指从脸中部眉心处向外画线至耳前；也可以从额头中部向外画线至耳前。

（4）按摩颧骨和下巴。双手从鼻根部画线至颧骨或者从下巴向两侧画线。

（5）按摩面颊。双手按摩两颌之间的面颊部，使之放松。

（6）结束动作。双手轻抚孩子的整个面部，由内向外同时滑动，结束此次按摩。用浴巾擦干净孩子脸部的按摩油。

　　一旦孩子能够独自活动，爸爸可以和他一起做许多事情，其中带他走出家门，亲近自然尤其重要。这样，孩子慢慢对环境有了适应能力，独立意识也会变得越来越强。

亲近大自然

　　有时候，我们不大愿意带孩子到户外活动，尤其在天气恶劣或者身体疲惫的时候。其实，和孩子一起走进大自然，呼吸新鲜空气，及时给他"充电"，是多么美好的事情呀！为此要选择一处环境优美且僻静的地方，比如家附近的公园，就是亲近自然不错的去处。

　　漫步大自然，您和孩子会体验到一种全新的时空感，暂时摆脱烦扰你们的生活琐事。这时，您的孩子一定会不由自主地惊叫起来，兴奋得又蹦又跳，尽情玩耍。

　　您自己为什么不试试呢？

67 漫步大自然

父母要经常带孩子到户外远足，比如森林、海边、山间、田野，那里到处是可观察、可倾听、可触摸、可感知的事物，可以充分享受丰裕的感觉盛宴。

停下来，花些时间呼吸新鲜空气；闭上眼睛，仔细听林间的风声、鸟儿的欢叫声、小河哗啦的流水声，还有潮起潮落的声音；将手放到树上，抚摸树干，感受树皮凹凸不平的沧桑；捡拾形状各异的树叶、石子以及果实；观察虫儿在地上爬，小动物觅食；四周绿草茵茵，花香四溢；极目远眺，朵朵白云在蓝天下飘浮而

去……你们会发现，大自然有着无穷的魅力！

　　不要以为孩子太小，不懂事，其实他的心智远比身体要成熟得多。在自然中，他会发现很多很多"稀奇古怪"的东西，随时随地向您发问，有的问题一时还真不好回答。比如："小动物们的家在哪儿？""树不吃东西怎么长这么高？"……

　　漫步大自然，您和孩子不仅能拥抱大自然，还能借此拉近你们之间的关系。平时，您忙于事务，难得有时间陪伴孩子，而他又是多么希望和您在一起，共同探索周围的世界，述说他的感受，得到您的呵护呀！

68 吊床露营

父母带着孩子漫步大自然，累的时候，让孩子在吊床里休息，聆听鸟鸣、林间风声，也许你们还想播放一段轻音乐或者高歌一曲，甚至跳段舞蹈。

材料准备：

一张吊床。（可用一块结实的兜布、一块毯子替代）

游戏过程：

（1）把孩子轻轻放到吊床里，然后父母各站两端，两人一起抬起吊床左右轻轻摇晃。

（2）也可以将吊床两端分别绑在树上，父母站在旁边摇晃吊床。孩子随着吊床摇摇晃晃，这种感觉太惬意了！

（3）让孩子静静地躺在吊床里，仔细听树上鸟儿的叫声或者风吹树叶的沙沙声，以及大自然中事物发出的声音，由此得到别样的感受。

温馨提示：

不管是两人摇晃吊床还是把它绑在树上，吊床离地高度要适中，确保游戏安全。两人抬吊床时应一起用力上提，然后左右摆动，力量不宜过猛；捆绑吊床时，要系紧绳索，以免脱落。

69 自然的艺术

在户外散步时，您和孩子可以搞些小小的艺术创作。孩子们会随手捡拾许多"宝贝"，他们喜欢把这些"宝贝"放在自己的口袋里。为什么不让这些"宝贝"变成自然艺术品呢？

材料准备：

带孩子到附近的树林或者公园里捡拾各种"宝贝"，比如树叶、树皮、卵石、砾石、羽毛、树枝、松果等。

游戏过程：

（1）将捡到的东西放在桌子上，然后用手

机把它们逐一拍下来，做成特写集或者将照片放大，挂在家里的墙上，看看哪张最漂亮。孩子一定会为自己的即兴创意感到自豪。

（2）引导孩子观察这些小东西，找出它们的几何特点：直线、圆形、多边形、三角形等。再用手掂量掂量，感受它们的轻重。

（3）可以从书中或者网上搜寻同类图片，然后对比你们拍的照片，获取更多灵感，以便下次"再战"。

70

《噼里，啪啦！》

这是一首雨天唱的儿歌，可用于教孩子如何避雨。你们可以自得其乐，一扫阴郁天气带来的坏心情。

噼里，啪啦！

噼里又啪啦，

用一只手的指尖敲击另一只手的手掌两下

我听下雨声。

用食指指耳朵

噼里又啪啦，

用一只手的指尖敲击另一只手的手掌两下

我躲屋檐下。

🖐一只手做屋檐状,另一只手的食指放在屋檐下

　　噼里又啪啦,

🖐用一只手的指尖敲击另一只手的手掌两下

　　我睡被窝里。

🖐侧歪头,把手贴近脸庞,做睡觉状

　　噼里又啪啦,

🖐用一只手的指尖敲击另一只手的手掌两下

　　我在家里待!

🖐向上抬双臂,做屋顶状

100招爸爸育儿

71

下雨了

雨景十分迷人，屋里屋外都能看到。学习欣赏自然美，是孩子们的必修课之一，因为我们生活在自然中，享受她给予我们的一切。只有懂得欣赏，才会用心呵护。

材料准备：

雨衣、雨鞋、小桶或其他手提容器。

游戏过程：

（1）您和孩子透过屋里的窗户一起观察下雨过程：雨滴打在玻璃上发出啪啪声，汇在一起慢慢淌下来；天空中弥漫着水雾，笼罩了远处的山峦；地上的水哗哗地流。

（2）你们穿好雨衣、雨鞋，手拉手走进雨中，用水桶或别的容器尽可能多地接雨水，踩踏脚下的雨水，伸手体验雨水拍击的感觉，呼吸清新的空气。

（3）雨过天晴，当你们再次走出家门，展现在眼前的是嫩绿的小草和绽放的花朵，还有被雨水洗刷过的棵棵树木，周围的房子也好似换了新装，一切都充满了生机，令人心旷神怡。

温馨提示：

打雷的时候，切勿到户外空旷的地方，更不能待在树下。

72 自制风车

对孩子来说，自己动手做风车，无疑是一次难忘的经历。当他长大后回想时，这又是一段美好的记忆！有了风车，孩子就可以与"风"戏耍。

材料准备：

一张结实的纸、一支彩笔、一把剪刀、一卷胶带、一根细长的木棍、几个图钉。

制作过程：

（1）将纸裁成尺寸适当的正方形，让孩子用胶带装饰、用彩笔涂饰。

（2）从纸的中心向四角画对角线，分成四等份。用剪刀从四角开始剪，剪到一半处，这时出现八个角。

（3）每隔一角把另一角折向纸中心，共折四个角，留一定弧度。

（4）一只手按住中心折叠好的纸角，另一只手用图钉把折叠处（折叠纸的背面）固定在木棍顶端侧面。

游戏过程：

（1）把做好的风车插在迎风处的花园地上或者阳台的花盆里，观察它在风的作用下如何转动。

（2）风力不大时，手拿风车快走或者跑动，让风车迎风转动。

73 天然挂件

为了提高孩子的动手能力和激发他的创新能力，父母应当指导孩子利用大自然馈赠的各种小"礼物"制作可爱的艺术挂件。

材料准备：

几个小铃铛、一团细绳、几根透明彩绳、一些户外捡拾的物品（木棍、树枝、树叶、羽毛、果实等）。

游戏过程：

（1）和孩子一起商量设计方案，再确定制作方法。

（2）按照制作步骤，用木棍做挂件的支撑物，把捡到的东西一一系在木棍上，再加上一个小铃铛。还可以用透明彩绳凸显羽毛和树叶。

（3）鼓励孩子发挥想象力，让他自己独立制作几个挂件。必要的话，您可以做他的助手，但不能过多干预。

（4）把做好的艺术品挂在家门口、卧室或浴室等地方，会有很好的装饰效果，烘托家庭环境的艺术气氛。

温馨提示：

可随季节变化及时更换挂件上的饰物。

74 大树下的野餐

风和日丽的一天，爸爸妈妈一起带孩子到树林里野餐。您在大树下铺一块宽大的布，和孩子一起坐在草地上。微风轻拂，你们背靠背，欣赏从树叶间透出的缕缕阳光。

您要利用这个机会，与孩子共享美妙时光。

游戏过程：

（1）安排一次野餐。把所有带来的食物拿出来逐一品尝，或许还能招来几只小鸟等小动物与你们共享。

（2）给孩子讲故事，最好结合眼前的自然

景物，让他有一种身临其境的感觉，比如《小鸟筑巢》《小马过河》……

（3）还可以唱儿歌，做滑稽动作，宣泄一下情绪，找回轻松自在的心境。

（4）伴随户外的阵阵微风，让孩子野餐后小憩一会儿。

（5）回家之前，你们回顾一天的快乐感受，并安排下次的出游活动。

75 树叶艺术品

秋天玩树叶是多么开心的事！您可以和孩子一起捡落叶，堆成大堆，然后奋力跳入树叶堆……

更为有趣的是，当看到漂亮的叶子层层叠叠铺满大地时，你们会忍不住想带一些回家留作纪念，或者用它们做几个小手工。

材料准备：

挑选一些形状各异、颜色鲜艳、完好无损的叶子。

游戏过程：

（1）把漂亮的叶子夹在杂志里，上面放一本厚重的书压着。叶子干后即成为平整的标本，可长期保存。

（2）将树叶有叶脉的一面（凹凸面）涂上颜色，然后放在一张白纸上，用手压几秒钟。轻轻揭开纸，一幅漂亮的树叶印迹画便呈现在眼前：叶脉的纹路清晰可见，叶子的轮廓构成一个不规则图形。

（3）挑一些带叶柄的叶子，用一根长绳子将它们捆扎起来，做一个很有季节特点的环形饰物，挂在家里很有氛围感。

76 小园丁

无论是花园，还是阳台，甚至窗台，都可以成为孩子们观察自然、探索自然和融入自然的理想之地，总有一个地方适合您的孩子。

材料准备：

一套儿童园艺工具（小铲子、小耙子、水桶、浇水壶等）。

游戏过程：

（1）春天，指导孩子在花园里种一小块菜地，或者在阳台上养几盆花。让他把西红柿、香草和花的种子撒到地里或者盆里……然后浇

水，等待它们生根发芽。

（2）夏天，在户外搭建一个昆虫巢穴，给落单的小蜜蜂或者爬虫提供居所。比如收集几个 20 厘米长的空心竹节，让孩子帮忙扶着，把它们捆扎起来，放在一处可见到晨曦的地方，不久后小虫们便会钻进去睡觉。

（3）即便是秋天和冬天，也可以制作一个室内植物生长箱（可由花盆替代），让孩子把种子种到里面。虽然室外已是冷风呼啸、寒意扑面，但植物生长箱中的种子却开始发芽，并长出绿绿的叶子，生机盎然。

（4）给不同生长期的植物拍照，记录它们的生长过程。

77 背着宝宝游世界

当宝宝能够抬起头时，他便开始对周围世界产生浓厚兴趣，此时您该考虑背着他"游世界"了。背比抱更利于您自由活动，可以走得更远、更快。

初学使用婴儿背带背宝宝，或许有点难。您不妨在镜子前或者在他人帮助下使用婴儿仿真模型练习。实践多了，自然就能找到感觉。

材料准备：

一副婴儿专用背带（一块有四条带子的长方形布）、一面全身镜、一个婴儿仿真模型。

使用方法：

（1）您把布带放在背部，将胸下方的带子（较短的两条带子）系在一起打上结，松紧要适度，切忌过松或过紧。

（2）用一只手托住孩子，让他的胸部靠在您的胯部，然后顺势轻轻将他推到后背。（如图①）

（3）换另一只手托住孩子的骶骨。同时，您身体前倾。注意孩子的双腿要在您身体的两侧分开。

❶

（4）一只手扶住孩子，另一只手将两条长带子分别兜住孩子的后背，而后再分别搭在您的肩部，垂于胸前。

（5）确保孩子平稳地坐在布兜里，双腿弯曲。您继续用一只手扶住孩子，另一只手拉住胸前的两条带子，使孩子的重量落在布兜内。

（6）这时，将扶着孩子的手腾出，与另一只手同时将带子在胸前交叉成十字。随即分别拉到后背孩子双腿的下面。（如图②）最后在他的臀部位置把两条带子系起来打双结。

温馨提示：

　　（1）用背带背孩子是个技术活儿，一定要
练习并掌握技巧后再应用。

　　（2）要特别注意孩子的安全，务必打好结，
避免因松动而发生意外。

78

《赞美大自然》

这是一首意境清新愉快的儿歌，能够唤起一天的新生活和好心情。

赞美大自然

美丽大自然，我们拥抱你。

美丽大自然，我们一起玩。

高高山顶上，翱翔尖嘴鹰。

低低山谷中，奔跑白山羊。

清澈河水中，鱼儿自在游。

还有小乌龟，露出长脖子。

鲜花开满园，蜜蜂采蜜忙。
树间挂蜘蛛，悠然似神仙。

明媚阳光下，松鼠爬枝头。
几只甲壳虫，躲在绿茵中。

我们赞美你，美丽大自然。
我们热爱你，美丽大自然。

*重音落在蓝色字词上。

79 《诺亚方舟》

这首儿歌适于在去动物园的路上、在花园里或者散步时哼唱。歌词极富表现力，惟妙惟肖地描绘了多种动物的体貌特征，幽默风趣。

诺亚方舟

宽大的鳄鱼，

🖐双臂向前伸，一只手落在另一只手上面，张开又合上，好似鳄鱼的嘴巴在动

胖胖的猩猩，

🖐模仿猩猩走路的样子

可怕的毒蛇，

🖐用一只手的手指在另一只手的手臂上模仿蛇爬行

雪白的绵羊，

🖐*在空中画一个个圆圈*

灵巧的猫咪，

🖐*弓背，模仿猫要跳跃的动作*

狡猾的老鼠，

🖐*手指放在嘴唇上，装作摸老鼠的尖嘴*

笨重的大象，

🖐*用手臂模仿大象的长鼻子*

一个都不少，

🖐*用手指做"不"的动作*

还有小海豚，

🖐*两臂贴紧身体两侧，耸肩，模仿海豚腾空的样子*

陪伴独角鲸。

🖐*将一只手的食指放在鼻子上，指向前方，模仿独*

角鲸的长角

80 《相亲相爱》

这首儿歌很容易记，歌词简洁、诙谐，配合动作会更活泼有趣。

相亲相爱

一条小鱼一只鸟，

相亲相爱不分离。

双手十指交叉紧紧扣在一起

掉到水里怎么办?

做跳水动作

一条小鱼一只鸟，

彼此相爱不分离。

双手十指交叉紧紧扣在一起

悬在空中怎么办?

用手指向天空

漂亮蝴蝶和蜗牛,

彼此相爱不分离。

双手十指交叉紧紧扣在一起

掉到水里怎么办?

做跳水动作

漂亮蝴蝶和蜗牛,

彼此相爱不分离。

双手十指交叉紧紧扣在一起

悬在空中怎么办?

用手指向天空

神奇乌龟和蜘蛛,

彼此相爱不分离。

双手十指交叉紧紧扣在一起

…………

100招爸爸育儿

180

81 《荆棘丛》

这是一首颇有韵味的儿歌，适宜伴舞。

您和孩子挨在一起站着，用右脚触碰孩子的左脚（或者相反），各自用胳膊挽住对方的胳膊。可增加游戏人数。

荆棘丛

我爱荆棘丛，

美丽大草原。

🖐左右晃动身体，双脚不离地

那里有狮子，

那里有羚羊，

那里有斑马，

还有长颈鹿。

🖐 *所有人一起跳一跳*

我爱荆棘丛，

美丽大草原。

🖐 *再次左右晃动身体*

变换游戏方式:让孩子双脚踩在您的脚上，您扶着他跳舞。

　　一般来说，爸爸在家庭教育中会更多地鼓励孩子自己动手动脑进行创作和尝试。这对孩子来说，更有利于激发他的探索精神、想象力和创造力，促进其智力的发展。

想象与创意

　　孩子喜欢动手"玩"，任意抓取、摆弄身边的物件，从发现、感知、体验中找乐子。本章介绍的游戏是为他们而设计的，适合在其他家庭成员，如爸爸妈妈、哥哥姐姐的指导下完成。孩子们不乏想象力和创新意识，个性极强，甚至有时候还很固执，会以自己的方式玩游戏，尽享其中的乐趣。游戏时，他们始终把"兴趣"放在首位，"结果"次之。

　　不管孩子是"胡乱摸弄"，还是"随意涂抹"，您陪伴在他身边，仔细观察他的一举一动，引导他发挥想象力，创作自己的"大作"。他会乐此不疲地沉浸于游戏，把您当成玩伴和密友。

82 《能干的小手》

孩子喜欢边听儿歌边手舞足蹈。下面的儿歌简单易学，您可以演绎成熟悉的曲调，并根据需要随意加长、缩短等，教他们用手模仿各种动作，比如跳舞、画画、游泳、飞翔……

能干的小手

小手拍一拍，

在胸前拍手

拍上又拍下，

向上拍，向下拍

拍左又拍右。

向左拍，向右拍

小手要跳舞，

一只手在另一只手上跳动几下

小手要画画，

一只手在另一只手上模仿画画

小手要写字。

一只手在另一只手上模仿写字

小手动一动，

掌心相对，晃动双手

动上又动下，

向上摆动，向下摆动

动左又动右。

向左摆动，向右摆动

小手要游泳，

双手做划水动作

小手要飞翔，

双手做飞的动作

……………

83 好玩的坐垫

小小坐垫可随意摆放，是孩子们活动和游戏的理想道具。

材料准备：

一定数量的坐垫。（视游戏内容而定）

游戏过程：

（1）把坐垫一个一个摞起来搭成一个塔，然后让孩子推倒重来。兴许，小小探险家还想奋力爬上去。

（2）把坐垫排成一列列车厢的样子。您和孩子舒适地坐在上面，学火车启动的汽笛声和车轮的滚动声，同时拍手唱歌，好似来一次快乐的旅行。

（3）将坐垫一个挨一个或者略有间隙地铺在地上，形成一条通道，让孩子在上面爬行或者行走。垫子间距要考虑孩子的身高、动作幅度，以免滑倒。

（4）在房间里，您和孩子相对而站，彼此间留出一定距离，然后一个人向另一个人抛出坐垫，看对方能不能接住，再比比看谁扔得准。

温馨提示：

无论何种玩法，都要注意安全。

84 摆弄小物件

孩子们特别喜欢摆弄瓶瓶罐罐或者胡乱拆拧小物件，喜欢自己动手的体验感。父母要鼓励他们多做这类游戏，锻炼手指的灵巧性。

材料准备：

根据游戏内容，酌情准备。

游戏过程：

场景一 打开／关上—拧紧／拧松

（1）收集各类带盖的小盒子和小瓶子。（大小和颜色各异）

（2）教孩子打开盒盖，再合上；拧开瓶盖，再拧紧。然后按照盒子或瓶子的大小，分别排列成行。

（3）做饭时，有意识地让孩子帮忙拧开调味瓶盖等，用完后再拧上……

场景二 推拉"抽屉"—挂锁摘钩

（1）收集一些带"抽屉"的小木盒、空火柴盒、塑料盒和带锁或带挂钩的物件，以及有类似机关的小东西。

（2）平时可教孩子推拉"抽屉"和挂锁摘钩的技巧。

（3）引导孩子到生活中寻找练习的机会，如拉开衣柜抽屉拿衣物，外出时摘掉门上的安全挂钩等。

温馨提示：

切忌使用可能夹手的物件。

85 培养动手能力

手是人类创造文明的重要工具，从建筑到书写，从音乐到绘画，以及所有丰富我们生活的科技成果，都要靠双手。因此，尽早培养孩子的动手能力很重要。

我们可以通过一系列游戏，让孩子的手动起来，激发他的探索兴趣，理解空间和掌握简单的物理概念，如体积、里面/外面、空/满、重/轻等。

材料准备：

根据游戏内容，酌情准备。

游戏过程：

（1）和孩子一起用积木、塑料盒、纸盒、牛奶盒、木头块搭建玩具塔，直到最后倒塌。然后再搭，看哪次搭得最高、最稳，学习和物体平衡有关的知识。

（2）让孩子来回倒满和倒空容器里的东西，如大米、豆子、小石子、沙子等，或者分拣不同颜色的小东西，如各种颜色的豆子（绿豆、黑豆、黄豆、红豆）和扣子等，练习手部的抓取动作精细度和速度。

（3）鼓励孩子做家务，如分拣要洗的衣物，并装入篮子，或者把衣物从洗衣机中取出来，再拿到户外展开晾晒等，提高他的劳动意识。

（4）教孩子做饭和准备餐具，如把食材倒入锅中、拿取餐具摆放到餐桌上、倒水。还可以指导他操作食物搅拌器、榨汁机等器具，但要注意安全，需要您全程陪伴。

86 不要嫌弃污渍

为了锻炼孩子的触觉，不要怕他们身上沾上污渍。身体所有部位都是触觉器官，能产生触感。如果可以，尽量让孩子们多裸露双手和双脚，鼓励他们用手和脚触摸颜料。注意选择安全的颜料，不要让他们误食。

孩子天生偏爱人体"彩绘"艺术，喜欢任意涂画。仔细观察他们的动作、姿态和情绪的变化。

吃饭时，最好给孩子脖子上套个围嘴。这样，您的孩子可以无拘无束地进食，用手拿取食物，甚至随意在身上涂抹米糊、菜泥。1 岁左右的孩子还不懂得遵守餐饮规矩，只是把食物当成玩具罢了。您需要时间去慢慢纠正他的"不当"行为。

当带孩子外出散步，特别是下雨天、下雪天时，给他穿上不怕污渍的衣服，放任他在户外跑跳、玩耍，尽情展现"野性"，发泄情绪，释放过剩的精力。不要事事苛求他，更不要让他按照您的意志做听话的小乖乖，只需提醒他不要弄脏眼睛和嘴巴。

"玩"是孩子们的天性。记住，他们没有脏的概念，只有超强的好奇心和探索精神。污渍将伴随他们成长，帮助他们走向独立。

87 玩面团

面团和橡皮泥具有异曲同工之妙。动手制作面团本身就是一项不错的游戏，会给您和孩子添加互动乐趣。

材料准备：

两杯面粉、一杯盐、四勺明矾（可到中药店或化学用品店购买）、两杯水、一勺油、四勺食用颜料。

游戏过程：

（1）将各种材料混在一起，放入锅中，用文火煮五分钟，同时用勺子不停搅拌；当锅沿处出现球状物时，意味着面可成团状。随即关火，让锅慢慢冷却下来。

（2）把成形的面团装在一个相对密封的盒子里，然后放入冰箱。以同样的方式制作另一种颜色的面团。

（3）现在，孩子可以纵情捏、揉、压面团了。您可以教他捏几个小人、小动物或者几何体。

（4）游戏结束后，要求孩子清理面团和桌面，把手洗干净。

88 指画

　　孩子们喜欢颜料的色彩和湿滑感，更喜欢随意涂画。游戏时，他们既可以亲自动手制作颜料，又可以尽享指画的乐趣。

材料准备：

　　配方一　一杯水、一杯面粉、不同颜色的环保调色液或调色粉。

　　配方二　三勺糖、半杯玉米淀粉、两杯水、不同颜色的环保调色液或调色粉。*

*此配方制成的颜料质地更细腻。

游戏过程：

场景一　制作颜料

（1）将水、面粉（玉米淀粉）放入锅中搅拌，然后用文火熬至略稠，加适量肥皂液（方便游戏后洗手）。

（2）把熬好的液体分别倒入几个小碗里。

（3）把不同颜色的调色液或调色粉分别倒入各小碗（也可在同一只碗中加多种调色颜料），调匀即可。

场景二　用手指涂画

让孩子把小手伸到不同颜色的调色碗中，随意搅动颜料，然后将湿漉漉的手指在纸上滑动。瞬间，各种颜料从指间流淌下来，呈现出一幅漂亮的图画。好奇心会驱使他不断想象、创作。那种感觉太奇妙了！

89 学着色

孩子们从小就喜欢乱涂乱画。长短不一的线条、奇形怪状的图形、五彩缤纷的颜色，无不引起他们的兴趣和冲动……给他们机会吧，哪怕是弄个大花脸或是弄脏了衣服！

材料准备：

一套彩色粗杆笔、几张质地较厚的纸、一把直尺。

游戏过程：

（1）教孩子用不同颜色的笔勾勒出各种线条，而后再画一些轮廓简单的图形，如圆形、

三角形、方形、六角形、梯形、菱形等。

（2）在此基础上，鼓励孩子发挥想象力，随意着色，比如给图形轮廓内留白部分上色，涂成红圆、蓝三角等。

（3）您可以画个大房子（或其他物体）的轮廓，让孩子给房子的不同部分（如大门、屋顶、窗户、墙壁等）着色。

温馨提示：

（1）笔的长短和粗细要适合孩子的手。他们的手刚刚发育，只会抓笔，不能准确地握笔。

（2）给孩子做示范时要耐心，可手把手地教，直到他掌握基本技巧。

90 勾画身体轮廓

勾画身体某些部位，甚至全身轮廓，有助于孩子了解、认识自己的身体结构，激发他的想象力。

材料准备：

一支彩笔、几张 A4 纸、几张大尺寸纸（比孩子身高身宽略大的纸，如大尺寸卷纸或桌布纸）。

游戏过程：

场景一 画手形脚形

（1）让孩子把手平放在一张 A4 纸上，掌心朝下，您或他用彩笔画出手的轮廓。然后，您把自己的手放在纸上，也画个轮廓。你们一起对比两只手的轮廓大小。

（2）指导孩子给手的轮廓图加些小修饰，比如加手纹或指甲。

（3）以同样的方式画脚的轮廓。

场景二　画身形

（1）您让孩子躺在大纸上，勾勒出他的整个身体轮廓。还可以把纸张固定在墙上，让他紧贴墙站立，再描绘出身体轮廓。

（2）为了增加游戏趣味，您不妨在轮廓图上画出心脏、两肺、眼睛、鼻子和嘴巴的图形，要是再涂上颜色就更有意思了。

91

橡皮画

这是一种比较特殊的绘画方法，无须专门训练和特别材料，适于锻炼孩子的手指力量。

材料准备：

几张厚实有韧性的白纸、一块柔软高品质的橡皮、一支石墨笔（可用石墨粉、木炭等替代）。

游戏过程：

（1）将一张纸平铺在桌子上，指导孩子用石墨笔把纸面涂黑，尽量涂均匀，不留白。

（2）给纸面涂黑的过程比较费时费力，需

要让孩子适当休息一下，放松放松指关节，做几遍手指操。

（3）完成涂黑后，可让孩子用橡皮在黑底的纸上乱擦乱涂，找一找感觉，这样擦出的"画"也很有风味。

（4）正式学"画"时，先教孩子擦出直线；然后逐步增大难度，擦出圆形、方形、Ｖ形、Ｓ形等；最后擦出一张人脸，有鼻子、眼睛、嘴巴；还可以擦出一座大房子，有门窗、烟囱、阳台。

温馨提示：

（1）最好准备多张涂黑的画纸，以备绘画时使用。必要时，您可以协助孩子完成纸面涂黑工作。

（2）为保持橡皮干净，绘画结束后可以在木板或者粗布上擦去上面的黑色。

92 刮画

刮画的"绘制"过程略显复杂，但更能满足孩子的好奇心理，也有一定的"收藏"价值。

材料准备：

几张纸板（可用纸箱板替代）、一套粗油性彩笔或者蜡笔、一小罐黑色涂料（丙烯或水粉画颜料）。

游戏过程：

（1）指导孩子用黑色笔把纸板涂黑，尽量涂均匀，不留白。

（2）让他用彩笔在上面随意加涂颜色，色

彩尽可能鲜艳些。

（3）在纸板上涂一层厚厚的黑色涂料，切勿用水稀释。

（4）把纸板挂起来晾干后，让孩子用一只小夹子或者一根小木条，抑或一支笔在纸板上轻刮几下，涂层下面的颜色便会一点点露出来，一幅漂亮的图画随之渐渐展现在眼前。

温馨提示：

为了方便保留和收藏，可以在画作上涂一层清漆。

93 魔幻画

之所以如此称呼，是因为这种画的视觉效果很魔幻，也很有新意。它不同于其他种类的画，尤其是它的呈现过程。

材料准备：

一张纸板、一套彩笔、一管覆盖画面用的涂胶、一根棉签、一瓶墨水。

游戏过程：

（1）让孩子用彩笔在纸板上画一幅画，比如森林、高山和房子等。

（2）指导他用一根棉签在既有的画面上涂

胶，不留空白。

（3）胶干后，再在上面涂一层墨水。

（4）墨水干后，孩子即可用手指尖或借助
工具（如尺子）轻轻擦掉部分涂胶，这时胶下
面的原画面会露出来，与后加的颜色形成反差，
相互映衬，给人一种奇妙的感觉。

（5）游戏结束后，要求孩子把用具收拾好，
把手洗干净。

94 吹画

顾名思义，这是一种用嘴吹出来的画，非常特别，需要孩子掌握一定技巧和具备足够耐心，才更能激发他的创作热情，让他体验创作的乐趣。

材料准备：

一瓶墨汁、几张纸、一根吸管、一个小喷雾器。

游戏过程：

（1）把一张纸平铺在桌面上，让孩子用装好水的小喷壶把纸面喷湿。然后用吸管一端蘸点墨汁，滴几滴在浸湿的纸上。

（2）把吸管一分为三。教他用一小段吸管吹纸上的墨滴，观察它们如何游动，并慢慢形成几条漂亮的不规则线条或者几个图案。

（3）变换吹气力度和角度，使墨滴扩散得更快、更广，这时画面变得更大，而且颜色深浅不一，层次多样。

温馨提示：

也可以使用多种水性颜料，让画面的色彩更丰富、更艳丽。

95 蛋壳画和石子画

毛笔很早以前就存在了，主要使用水性颜料来作画。笔端有细、有粗，还可以套管，适合在不同质地的东西（比如鸡蛋壳、石头、木头等）上作画。

材料准备：

一支毛笔、一些水性颜料、几个生鸡蛋、几块不同形状的石头。

游戏过程：

（1）您先用一根针在鸡蛋的两端分别扎两个小洞，然后往一端的洞里吹气，让蛋黄和蛋清从另一端流出来。

（2）把清空的蛋壳和石头洗净、晾干。

（3）让孩子用毛笔蘸上颜料，随意在蛋壳
和石头上作画，比如娃娃头、太阳公公、几颗
小星星……

温馨提示：

可以用蛋黄和蛋清给孩子做个炒鸡蛋，说
不定他会吃得津津有味！

96 自制图书

孩子们对书一定不陌生，书中的图画和故事几乎每天都陪伴着他们。但是，自己动手做书倒是件稀罕事。

想让您的孩子学做个性化的图书吗？下面以制作一本 15 厘米 ×15 厘米的正方形图书为例。（当然可以选其他尺寸）

材料准备：

一些厚纸（也可用纸板、厚布、瓦楞纸替代）、一把剪刀、一套彩笔、几根细绳或者粗线。

游戏过程：

（1）将纸张按选定的尺寸剪成书页，整齐叠放。

（2）沿书页一边，大约 2 厘米处，用剪刀尖钻两个小孔，两孔间距 7 厘米，或者天头地脚各留出 4 厘米。

（3）将细绳头分别穿过两个孔，再将分散的书页系紧后打结。

（4）让孩子每天在空白书页上画一张画或者贴一张图，几天后一本真正的书就做成了！

温馨提示：

为了简化做书过程，可以使用普通 A4 纸，一分为二裁成书页，另用厚些的纸做封面和封底；然后用订书机订书页的一边，即可成书，但书页不宜太多。

97 人体彩绘

人体彩绘是让孩子发现身体奥秘、提高运动机能和获得创意乐趣的好方法，也是目前甚为流行的一种绘画方式。

材料准备：

几管不同颜色的化妆颜料（环保无毒、易于清洗）、几支粗细各异的毛笔或者专用画笔、几块湿纸巾。

游戏过程：

（1）先给孩子做示范，在他脸上画一两个几何图形和单线条图案，把他的注意力引到画笔滑动的体验上。颜色可由他自己选择。

（2）你们一起在镜子前欣赏画好的图画。接着，您和孩子互换角色，让他在您的脸上作画。提醒他运笔要慢、要稳，以免把颜料弄到您的眼睛里。

（3）让孩子尝试在自己身上作画。让他坐在户外的阳光下或者屋中温暖的地方，脱去衣服，在胳膊、大腿、肚子上作画。画笔在身上慢慢滑动，它留下的亮丽色彩是多么美妙呀！

（4）游戏结束后，用湿纸巾把身上的颜料擦干净，或者干脆去洗个热水澡。

98 道具百宝箱

孩子们喜欢装扮自己，玩化妆和卸妆游戏，并模仿成人的行为，扮演各种角色。

材料准备：

一只大纸箱、几只纸盒、各种道具、几种常用化妆品（如口红、眉笔）。

游戏过程：

（1）本着节约原则，您和孩子自己动手将一些可回收的旧衣物和日用品稍做缝纫加工，制成或者改造成化妆道具，如帽子、太阳镜、围巾、鞋子、手套、小包等。

（2）将道具分门别类放入箱中不同的盒子里，以方便拿取。

（3）按照您和孩子事先商量的游戏内容，先给他化妆，比如涂花脸、画胡须、穿戴符合角色的服饰等。

（4）教孩子在镜子前展示几个表演动作和一些基本技艺，比如走台步、跳舞、唱歌、学老爷爷走路、扮小丑、做鬼脸等。

（5）您和孩子互换角色，让他给您化妆，他会非常乐意。

（6）游戏结束后，要求孩子将所有道具放回纸箱，以备再用。

温馨提示：

定期清洗道具，确保安全卫生。

99 手形模仿秀

手是人类最灵活的器官之一，具有很强的表现力。比如我们可以用手摆出各种动物的模样，再配合动物的叫声和动作等，这对孩子来说非常具有吸引力，还能激发他的表演欲。

游戏过程：

场景一 猜猜是什么动物

您做一个手形，表现某种动物的特征，然后让孩子猜是什么动物。

（1）鱼和海龟在水里游动，或潜入水中，或浮出水面。

（2）蝴蝶四处飞舞,偶尔停在孩子的肩头,偶尔飞到他的头上。

（3）蜗牛轻轻地在孩子胳膊上或者面前的餐桌上爬行，一会儿把头缩回壳里，一会儿又慢慢探出头来。

（4）蛇钻来钻去，曲线行走，突然加快速度，又逐渐慢下来，身体竖立起来，准备向猎物发起攻击……

场景二　看投影

准备一只手电筒。晚上，关闭家里的灯，让孩子拧亮手电筒，朝墙上照射。您用手在手电筒前做多种表现不同动物形态的动作。这时，手电筒的光线会将手形投影到墙上，产生强烈的画面感。孩子会饶有兴致地看你"表演"，并不时叫好。

场景三　我也要学

现在是教孩子做手形游戏的时候了。可以先从简单的动作教起，让他在家里对着镜子"表演"。渐渐地，他会喜欢上表演，成为家里的小明星。

100 自制游戏卡

游戏卡是孩子们的挚爱，上面五光十色的图案和画面总能引起他们的兴趣。

材料准备：

一些卡纸、一些 A4 打印纸、一台电脑和一台打印机、一把剪刀、一管胶水。

游戏过程：

（1）和孩子一起商定主题，如我的家庭、我的衣物、我爱的动植物等；确定游戏卡的形状和尺寸，如方形卡，尺寸 5 厘米 ×5 厘米或者 7 厘米 ×7 厘米。

（2）按照确定好的尺寸剪裁卡纸，制作成空白卡片。

（3）在家庭相册、图书和杂志上寻找相应主题的图像，也可上网查找。汇总图像后，您用电脑给图像做技术处理，包括确定尺寸、修图等，最后打印出来，把图像贴到空白卡片上。

（4）让孩子逐一辨认图片上的人、物品或者动植物等。也可以将不同内容的卡片混在一起，然后让他挑拣、分类。

温馨提示：

可以选择个性化的卡片形状，如圆形、三角形。最初，卡片数量不宜过多。随着孩子知识水平的提高，再逐步增加主题范围和卡片数量，甚至编制成系列卡片。

弗拉薇·奥热罗是法国著名精神运动学博士和培训专家。由于职业关系，她经常接触孩童和他们的父母及儿童教育工作者。她所有活动和工作都聚焦在指导父母们如何顺应自然和循序渐进地开展启蒙教育。她是法国著名节目《跟我学手语》的主持人。自开始学习手语，到后来连续多年与孩子们相处，她坚信手语对所有孩子都是有益的，特别是儿歌与手语（动作）相结合后会产生非常好的学习效果。本书汇总了她多年的教学经验和心得，为启蒙教育打开了一扇敞亮的大门。

结束语

　　我们希望父母们能从书中学习并掌握各种游戏的设计思路和方法，如肢体语言沟通、儿歌表演、手工创意、手语手势、亲近自然、按摩技巧、搂抱孩子的小窍门等；还希望父母们通过阅读获得有益的建议，当然这与你们深厚的父爱、母爱相比，显然是微不足道的。

　　其实，在实际生活中，没有所谓父亲或者母亲专享的亲子游戏。你们完全可以根据孩子的需要，选择最适合他个人特点的游戏，然后举一反三，推陈出新，目的就是以最佳方式尽早地开始启蒙教育，使孩子成为身心健康的人。

　　让我们和孩子们一起，发现游戏中的乐趣，共度快乐时光，把寓教于乐的精神发扬光大！

图书在版编目（CIP）数据

100招爸爸育儿 /（法）弗拉薇·奥热罗著；朱朝旭
译 . -- 南昌：二十一世纪出版社集团，2023.1
（在游戏中成长）
ISBN 978-7-5568-7497-2

Ⅰ . ① 1… Ⅱ . ①弗… ②朱… Ⅲ . ①婴幼儿—哺育
—基本知识 Ⅳ . ① TS976.31

中国国家版本馆 CIP 数据核字（2023）第 107354 号

Copyright 2014. by Éditions Nathan – Paris, France.
Édition originale : 100 ACTIVITES D'EVEIL PAPA–BEBE
本书中文版权通过成都中仁天地文化传播有限公司帮助获得。

版权合同登记号 14-2023-0051

ZAI YOUXI ZHONG CHENGZHANG 100 ZHAO BABA YU'ER
在游戏中成长 100 招爸爸育儿　[法]弗拉薇·奥热罗 / 著　朱朝旭 / 译

出 版 人	刘凯军
策　　划	郑迪蔚 黄 震
责任编辑	张希玲 黄 瑾
美术编辑	敖 翔
责任印制	谢江慧
营销编辑	崔 亮
出版发行	二十一世纪出版社集团
网　　址	www.21cccc.com
印　　刷	深圳市星嘉艺纸艺有限公司
版　　次	2023 年 1 月第 1 版
印　　次	2023 年 1 月第 1 次印刷
开　　本	889 mm × 1194 mm 1/32
印　　张	7
字　　数	100 千字
印　　数	1~ 3000 册
书　　号	ISBN 978-7-5568-7497-2
定　　价	58.00 元

赣版权登字-04-2023-417　　购买本社图书，如有问题请联系我们；扫描封底二维码进入官方服务号。
服务电话：0791-86512056（工作时间可拨打）；服务邮箱：21sjcbs@21cccc.com。
本社地址：江西省南昌市子安路75号。